NOUVEAU GUIDE

DE GÉOLOGIE, DE MINÉRALOGIE ET PALÉONTOLOGIE

INDIQUANT

LES ÉLÉMENTS DE CES ÉTUDES, LA MANIÈRE
D'OBSERVER, DE RÉCOLTER ET PRÉPARER LES ÉCHANTILLONS
ET DE LES RANGER EN COLLECTIONS

PAR

A. POMEL

Garde-mines-géologue, membre des Sociétés géologique
et botanique de France,
correspondant de la Société d'histoire naturelle de Metz, de l'Académie
des sciences, lettres et arts de Clermont-Ferrand,
de la Société des lettres, arts et sciences du Puy, de la Société de clima-
tologie d'Alger, etc.

PRIX : 2 FR.

A PARIS

Chez DEYROLLE Fils

NATURALISTE

Libraire-Correspondant des Sociétés Entomologiques de Londres, de Belgique,
de Suisse et d'Italie

19, RUE DE LA MONNAIE

1869

NOUVEAU

GUIDE DE GÉOLOGIE

MINÉRALOGIE ET PALÉONTOLOGIE

INDIQUANT

LES ÉLÉMENTS DE CES ÉTUDES, LA MANIÈRE
D'OBSERVER, DE RÉCOLTER ET PRÉPARER LES ÉCHANTILLONS
ET DE LES RANGER EN COLLECTIONS

PAR

A. POMEL

Garde-mines-géologue, membre des Sociétés géologique
et botanique de France,
correspondant de la Société d'histoire naturelle de Metz, de l'Académie
des sciences, lettres et arts de Clermont-Ferrand,
de la Société des lettres, arts et sciences du Puy, de la Société de clima-
tologie d'Alger, etc.

A PARIS

Chez DEYROLLE Fils

NATURALISTE

Libraire-Correspondant des Sociétés Entomologiques de Londres, de Belgique,
de Suisse et d'Italie

19, RUE DE LA MONNAIE

1869

GÉNÉRALITÉS

Cet ouvrage n'est point un traité scientifique; il a pour unique objet de guider les commençants, par des notions pratiques, sur la manière d'explorer, de collectionner et d'observer. Cependant, il a paru utile de donner, sous forme d'introduction, un aperçu des matières et des phénomènes dont s'occupe la science, et de caractériser les diverses branches dans lesquelles elle se divise.

La géologie est la connaissance de la croûte du globe terrestre. Les éléments qui entrent dans la constitution de cette écorce, peuvent être étudiés au point de vue de leurs propriétés intrinsèques, de leurs formes individuelles et de leurs caractères particuliers; c'est là l'objet plus spécial de la minéralogie.

Certains de ces éléments, seuls ou associés dans un état de mélange plus ou moins intime, constituent presque uniquement les grandes masses minérales, qui jouent le rôle capital dans la structure de la terre. On désigne quelquefois cette étude sous le nom de pétrographie, ou de lithologie.

La géognosie, ou géologie proprement dite, s'occupe de la disposition, du développement relatif et de l'agencement de ces masses minérales, de leur mode de formation et des relations chronologiques qui existent entr'elles.

La connaissance des formes organiques des deux règnes, dont les débris se rencontrent dans les roches d'origine sédimentaire, et des lois de leur distribution dans la série des dépôts, constitue la paléontologie. C'est la science du développement des organismes dans les temps géologiques. La branche qui traite plus spécialement du règne végétal est quelquefois désignée sous le nom de paléophytologie.

La minéralogie et la géologie ont des procédés d'investigation qui les particularisent autant que la différence du but qu'elles se proposent. Mais, malgré cette sorte d'indépendance, elles ont entre elles plusieurs points de contact, et généralement on peut dire que des notions au moins de l'une de ces sciences sont nécessaires à celui qui veut exclusivement pratiquer l'autre.

Le minéralogiste collectionne des minéraux ; il les analyse chimiquement pour en connaitre la composition élémentaire ; il en mesure la forme géométrique pour déterminer leur système cristallin ; il compare leur densité, leur dureté, leur texture ; il en recherche les propriétés optiques, électriques, magnétiques, etc. La prééminence des caractères étant dans l'ordre de cette exposition, leur recherche est surtout une opération de cabinet ou de laboratoire. Ceux de l'ordre physique, qui tombent immédiatement sous l'appréciation des sens, laissent souvent, en effet, de l'incertitude dans les déterminations spécifiques ; ils deviennent cependant précieux par une pratique attentive, pour guider sur le terrain des explorations, et ils suffisent le plus souvent pour faire reconnaître les substances minérales qui doivent être recueillies.

La détermination des affinités des minéraux doit être la base de la classification et de l'arrangement des échantillons dans les collections. Cette classification ne paraît pas encore bien fixée, car l'on compte bon nombre de systèmes qui ont tous des prétentions à la méthode naturelle. Le caractère qui paraît primer tous les autres, est celui de la composition chimique, et il a été le plus souvent employé par les auteurs. Mais là précisément est la difficulté; car à ce point de vue surtout, les substances minérales n'offrent rien de semblable à la subordination, qui a permis l'introduction de la méthode naturelle dans les règnes organiques. Chaque élément chimique pouvant être type de groupe pour toutes les combinaisons qui l'admettent, le plus grand nombre des minéraux se trouvent figurer ainsi simultanément dans autant de séries qu'ils admettent de principes constituants, et c'est encore un grave embarras auquel il a fallu parer par un artifice de classification sur lequel il a été difficile de s'entendre. Les uns ont séparé dans des classes différentes les corps simples ou combinés sans oxygène et les combinaisons oxygénées qu'ils ont ou non distribuées suivant l'élément électro-négatif. D'autres ont classé les minéraux par les bases, d'autres au contraire par les acides, en mettant en série particulière les éléments simples ainsi exclus. Il en est enfin qui ont groupé certaines séries par les bases et certaines autres par les acides, employant ainsi simultanément les deux procédés. On doit se dispenser de donner ici plusieurs exemples de ces systèmes; celui qui suit a paru le plus rationnel.

Classification des Minéraux

1re CLASSE. *Métalloïdes ou Gazolites.* — On y place les corps simples de cette série et leurs combinaisons entr'eux ou avec l'oxygène (ce dernier hors série). On y forme les groupes ordinaux suivants :

Hydrides=Hydrogène.

Chlorides=Chlore, brome, iode, fluor.

Carbonides=Carbone, bore, silicium.

Sulfurides=Soufre, sélénium, tellure.

Arsénides=Phosphore, arsenic.

2e CLASSE. *Métaux susceptibles de former des acides avec l'oxygène.* — On y classe sous le chef de chaque élément chimique les combinaisons variées, dans lesquelles il entre comme principe dominant et basique. Certains auteurs placent ici le groupe tellure et selenium. On peut y distinguer les ordres suivants :

Antimonides=Antimoine, titane.

Chromides = Chrome.

Wolframides=Tungstène, molybdène, vanadium.

Tantalides=Tantale.

3e CLASSE. *Métaux dont les oxides sont des bases salifiables neutres.* — On y rapporte à chaque élément chimique, comme type de famille, les minéraux dans lesquels il entre comme principe dominant : On peut y créer les ordres :

Stanides=Etain, bismuth, plomb.

Zincides=Zinc, cadmium.

Aurides=Osmium, paladium, rhodium, platine, iridium, or.

Cuprides=Argent, mercure, cuivre.

Sidérides=Urane, fer, manganèse, cobalt, nickel.

4ᵉ CLASSE. *Terres et alcalis avec leurs diverses combinaisons basiques.* — C'est la classe la plus riche en espèces et la plus importante par le rôle prédominant qu'elles jouent dans la composition des masses. Quelques auteurs ont placé ici la silice, et quelquefois l'alumine joue comme elle le rôle d'acide. Elle se divise en ordres comme il suit :

Thorides = Thorium, yttrium ?, cerium.

Aluminides=Zircone, alumine, glucine.

Magnésides=Magnésie.

Calcides=Strontiane, baryte, chaux.

Kalides=Lithium, soude, potasse.

Le minéral cristallin est en général l'unité typique de la minéralogie, parce que seul il a une composition bien définie et des caractères physiques constants, qui sont à peine altérés par la substitution de quelque élément isomorphe. Mais beaucoup de substances, de celles que l'on range parmi les roches, n'ont pu prendre la texture cristalline, pour des causes quelconques, et n'ont point conservé l'ensemble de leurs caractères physiques. Dans cet état, que l'on nomme amorphe ou compacte, elles sont rattachées en sous-espèce au type cristallisé.

Il est plus difficile d'introduire dans la classification les agrégats de minéraux divers qui constituent certaines roches. Lorsque ces minéraux sont déterminables, chacun d'eux est rapporté à son espèce et l'agrégat en lui-même est suffisamment défini. Certaines substances compactes, servant de gangue à des cristaux, ont une composition chimique peu différente de ces derniers, mais avec des proportions non définies qui n'ont pas permis de combinaison rationnelle. On peut encore les rattacher à l'espèce dont elles sont en quelque sorte l'ébauche. D'autres, au contraire, toujours amorphes et d'apparence homogène, ont une composition chimique tellement variable et inconstante, que l'on a dû admettre que les éléments s'y trouvaient à l'état de simple mélange, ce qui explique que les cristaux, lorsqu'ils y existent, y soient épars et variés. Ces roches sont classées quelquefois d'après leur substance dominante, mais en général elles ne sont pas considérées comme espèces minéralogiques. Il en est à peu près de même d'un groupe de substances minérales qui ont une origine mécanique. Leurs éléments, empruntés le plus souvent à la désagrégation d'autres roches plus anciennes et même de débris organiques et mêlés dans toute sorte de proportion, sont devenus plus ou moins cohérents, après s'être amoncelés sous forme de sédiment.

Ainsi ce n'est qu'accessoirement que le minéralogiste étudie les roches, à moins qu'elles ne soient constituées par une espèce unique et définie, ou qu'il n'ait à y signaler certaines particularités de gisement et de gangue des minéraux. Cette étude est plus spécialement du domaine géologique. Les grandes masses minérales sont en général seules considérées par les géologues, dans leurs spéculations sur la constitution de l'écorce du globe. Or, de même que les espèces minérales réalisées par la nature sont en nombre beaucoup moindre que la quantité d'éléments chimiques permettrait de le supposer, le nombre des roches est aussi infiniment moindre que celui que l'on pourrait supposer théoriquement, d'après la quantité de leurs éléments minéralogiques. Les méthodistes ont donc été conduits à chercher une classification particulière à leur objet, pour se débarrasser de ce que l'on pourrait nommer des non-valeurs et des accessoires minéralogiques. Ici encore on ne trouve que des systèmes et non une vraie méthode naturelle.

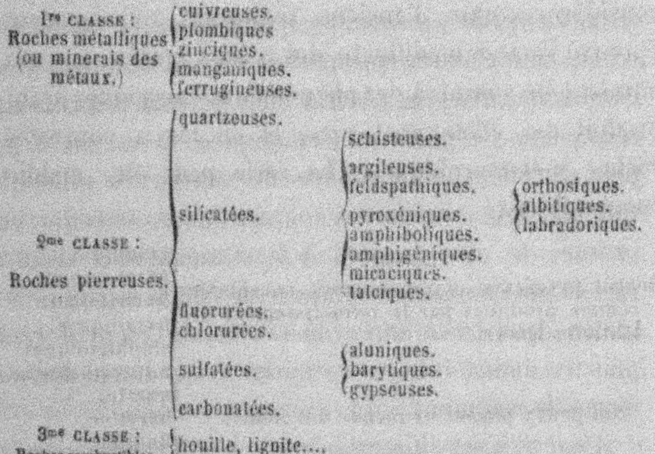

Cette distribution des roches est surtout en rapport avec leur composition chimique, et à ce point de vue elle est très-satisfaisante pour en faire un appendice de la minéralogie. Mais la géologie a souvent besoin de considérer les masses minérales à un point de vue tout différent, celui par exemple, de leur origine et du mode particulier d'agrégation des éléments qui les constituent. Les unes, en effet, se présentent en couches plus ou moins régulières et sont le résultat de l'action sédimentaire des eaux, soit qu'elles y aient été amenées par un transport mécanique, soit qu'elles aient été déposées par voie chimique au fond du liquide qui les tenait en dissolution. Les autres ont des formes massives, ou non stratifiées, et sont souvent cristallines ou analogues aux produits volcaniques actuels, ayant comme eux une origine ignée. Il en est enfin qui présentent des caractères mixtes, c'est-à-dire des traces évidentes de stratification et une structure plus ou moins analogue à celle des roches massives. On les considère comme d'anciens sédiments, qui auraient éprouvé l'action modifiante des roches ignées, ou qui auraient été soumis à des phénomènes énergiques ayant produit des effets analogues, et on les a nommées roches métamorphiques. La série peut être établie comme il suit :

1re CLASSE : Roches pyrogènes ou plutoniennes, considérées comme produites par le refroidissement des matières ignées. On peut y placer les roches des filons.	granitiques. porphyriques. trachytiques. basaltiques. amphiboliques. minerais divers. quartz. barytine. fluorine, etc.
2me CLASSE : Roches métamorphiques ; anciens sédiments dont la texture a été modifiée par une action analogue a celle de la chaleur.	gneiss. micaschiste. taschiste. quarzite, etc.
3me CLASSE : Roches stratifiées ou sédimentaires.	argileuses. calcaires. arénacées. conglomérées. gypseuses et salées. ferrugineuses. combustibles.

Le géologue n'a souvent besoin de connaître que les principaux types de ces groupes : d'autant plus que

les espèces, qui y ont été multipliées par les pétrographes,
n'ont en général rien de fixe et passent si fréquemment
des unes aux autres dans les mêmes masses, qu'elles
semblent n'être que des variations du même type; cela
est surtout vrai des roches sédimentaires. Ses recherches
ont surtout pour but de limiter les grandes masses minérales et de tracer leurs contours sur les cartes, de
déterminer leur mode de gisement et leur âge relatif,
soit par la superposition pour celles qui sont en couches,
soit par la pénétration pour celles qui sont en masses
non stratifiées et ont ordinairement une origine éruptive. Il cherche ensuite les relations qui existent entre
les formes orographiques et la constitution géologique.
Il étudie les phénomènes dynamiques qui ont laissé
leurs traces empreintes sur le sol par des dislocations
et des dénivellations, et les déplacements successifs des
mers, qui en ont été la conséquence la plus habituelle.
C'est donc une enquête de faits, plutôt qu'une recherche
d'objets. Les échantillons de roches viennent à l'appui
des observations recueillies plutôt comme aide-mé-
moire, et s'ils ont encore une certaine importance pour
l'étude des formations plutoniennes, ils la perdent en
majeure partie pour les dépôts sédimentaires; car ici
les trois éléments habituels, argile, chaux et silice, se
combinent dans toute sorte de proportions et d'état,
de manière à présenter toutes séries de nuances locales
et des caractères inconstants même pour l'unité typique,
qui est la couche ou le groupe de couches.

Cependant il est une récolte que le géologue ne
doit jamais négliger dans ses explorations et qu'il
doit même faire la plus complète possible, c'est celle

des corps organisés fossiles, pour lesquels on doit noter soigneusement la couche qui les contient. De leur détermination spécifique on déduit des caractères toujours précieux, qu'on les considère comme essentiels ou seulement comme empiriques, suivant le point de vue plus ou moins systématique auquel on se place. Ce sont toujours des documents qui servent au paléontologiste pour faire l'histoire du développement et de la succession des organismes à la surface du globe. L'étude de ces fossiles ne peut ordinairement être faite qu'au cabinet, par les procédés ordinaires de la zoologie et de la botanique, compliqués des difficultés inhérentes à l'état toujours plus ou moins incomplet ou imparfait des échantillons.

La géologie doit avoir un système de classification en rapport avec le but plus spécial qu'elle se propose, c'est-à-dire l'étude chronologique des formations qui constituent l'écorce du globe. C'est en quelque sorte une série historique, divisée en grandes périodes au moyen de caractères assez empiriques d'abord, que la paléontologie a permis ensuite de mieux limiter et de définir avec plus de précision. Ces périodes ont en outre été divisées et subdivisées jusqu'à l'unité de convention, nommée assez indifféremment terrain, formation ou étage, et qui pour les dépôts stratifiés comprend une succession de couches semblables, ou, lorsqu'elles sont de nature différente, liées entre elles par la continuité de certains caractères, tels que le parallélisme et l'identité de la plupart des fossiles. La discordance de stratification, ou défaut de parallélisme des strates, fixe de la manière la plus précise les limites de chaque terrain et le sépare de ceux entre lesquels il se trouve compris ; elle correspond à un phénomène géologique de dénivellation qui a également son caractère et ses allures propres. Malheureusement cette discordance ne s'observe ordinairement que dans certaines régions privilégiées ; on y supplée par la propriété qu'ont les formations indépendantes de s'appuyer indifféremment sur toutes les formations plus anciennes. On doit aussi faire remarquer que les caractères géologiques et paléontologiques ne présentent pas toujours entre eux une concordance complète ; mais la divergence entre les deux séries de classification exclusive n'intéresse que des détails de sous-divisions, les géologues divisant ce que réunissent les paléontologistes ou inversement ; ce qui prouve simplement que les phénomènes de la matière et ceux de l'organisme, ne sont rattachés entre eux par aucun lien essentiel. Pour les formations massives ou non stratifiées, on établit quelquefois une série particulière ; mais si on distingue la croûte cristalline qui a reçu les premiers sédiments et mérite sans doute la qualification de primordiale, les autres s'étant produites pendant les périodes sédimentaires, seront plus convenablement rattachées aux terrains qui leur sont contemporains ou immédiatement antérieurs et aux travers desquels leurs éruptions ont pu se produire. On donne, dans le tableau de classification qui suit, les systèmes de dislocations qui marquent la limite entre un certain nombre des formations admises par la généralité des géologues.

Tableau de classification géologique et paléontologique.

PÉRIODES.	SOUS-PÉRIODES.	SYSTÈMES DE MONTAGNES ou de dislocations.	TERRAINS.	AGES PALÉONTOLOGIQUES d'après d'Orbigny.
Période primaire ou azoïque.	Base des sédiments.		Granite.	
	Sédiments devenus cristallins.		Gneiss, Micaschiste.	
	Sédiments modifiés, divisibles en plusieurs terrains, que leurs altérations n'ont pas encore permis de classer.	Vendée, Finistère, Longmynd, Morbihan.	Laurentien et Cambrien.	
Période de transition ou paléozoïque. — Ère des trilobites.	Série non subdivisée et qu'il y aurait avantage à séparer en deux sous-périodes par le système des ballons.		Silurien.	Silurien. Murchisonien.
		Hundsruck … ?	Dévonien.	Dévonien.
		Ballons …	Calcaire carbonifère. Milstone-grit.	Carbonifère.
		Forez …	Houiller.	
		N^d de l'Angleterre.	Zechstein.	
		Pays-Bas …	Grès des Vosges.	Permien.
		Rhin …		
Période secondaire ou mézozoïque. — Ère des ammonites.	Triasique.		Grès bigarré. Muschelkalk. Marnes irisées.	Conchylien. Saliférien.
		Thuringerwald.		
	Jurassique.		Lias et infralias.	Sinémurien. Liasien Toarcien.
		Mont Seny …	Oolithe.	Bajocien Bathonien. Callovien.
		Oural …	Oxfordien.	Oxfordien. Corallien.
		?	Kimmeridien.	Kimmeridien. Portlandien.
	Crétacée.	Côte-d'Or …		
			? Wealdien. Néocomien.	Néocomien. Urgonien. Aptien.
		?	Gault.	Albien.
		?	Craie chloritée.	Cénomanien. Turonien.
		Mont Viso … ?	Craie sup^{re}.	Sénonien. Danien.

PÉRIODES.	SOUS-PÉRIODES.	SYSTÈMES DE MONTAGNES ou de dislocations.	TERRAINS.	AGES PALÉONTOLOGIQUES d'après d'Orbigny.
			Nummulitique.	Suessonien.
	Eocène.	Pyrénées....	Parisien.	Parisien.
		Corse-Sardaigne...	Grès de Fontainebleau.	Tongrien.
		Tatra......	Cartennien.	
Période tertiaire ou cénozoïque.	Miocène.	Vercors,...	Helvétien.	Falunien.
		Baléares....	Sahélien.	
Ère des mammifères.		Alpes occidentales..	Astésien.	
	Vrai	Nador,....	? sables de Montpellier, et ponces de l'Auvergne.	
				Subapennin.
	Pliocène	Grandes Alpes.	Subatlantien.	
	Pléistocène ou quaternaire	Braz et Ebre..	Alluvions anciennes.	
		Ténare.....	Age du Renne.	
Moderne.		? Axe volcanique méditerranéen et Andes....	Époque actuelle.	

Nota. — Les dépôts, pour la plupart clysmiens et terrestres,
qui se sont constitués dans l'Europe occidentale depuis le système des Grandes Alpes, sont d'un classement très-difficile. Ce n'est
qu'en quelques points privilégiés que l'on a pu parvenir à rencontrer des relations stratigraphiques suffisantes pour déterminer la série adoptée dans ce tableau.

USTENSILES, RÉCOLTE & CONSERVATION

L'arsenal de l'explorateur géologue ou minéralogiste
peut être plus ou moins compliqué, suivant les goûts ou
la spécialité de chacun. En général, les maîtres nous dé-

montrent par l'exemple qu'il peut et doit être même extrêmement simplifié. On y gagne une plus grande liberté de mouvement et beaucoup moins de fatigue à la marche, et on est dispensé ainsi d'un attirail incommode, quelquefois excentrique et bien gênant alors par les curieux qu'il attire.

L'outil le plus indispensable, on peut même dire le seul indispensable, est le marteau qui sert à briser les roches dont on veut prendre des échantillons, soit pour elles-mêmes, soit pour les cristaux ou fossiles qu'elles peuvent contenir. On l'emploie à chaque instant pour produire des cassures fraîches et nettes, qui seules permettent de reconnaître les caractères physiques oblitérés par une longue exposition aux agents atmosphériques. La forme la plus commode et la plus généralement adoptée, est celle d'un prisme à base carrée et plane d'un côté et en biseau cunéiforme de l'autre avec le tranchant longitudinal ; quelques personnes remplacent le biseau par une pointe quadrangulaire. Il doit être tout acier, mais non trempé trop dur, parce que les angles éclatent alors trop facilement. Le choix du manche mérite une attention particulière, parce qu'il est très-désagréable de se trouver désarmé par sa rupture au milieu d'une course ; il doit être assez long, d'une épaisseur au plus médiocre et très-solidement fixé par une clavette. Un marteau du poids de 1 kilog. est suffisant pour briser des échantillons des roches les plus résistantes ; mais il est moins commode pour équarrir et ramener les échantillons au volume et au format adoptés. On peut se servir pour cet objet d'un second marteau du poids de 100 à 150 grammes et en forme de massette cubique. On doit aussi se munir d'un ciseau à froid ou d'une pointerolle, pour faire sauter avec précaution les échantillons qui doivent être ménagés, tels que ceux qui contiennent des cristaux ou des fossiles que le choc du marteau pourrait endommager ou détruire.

A la rigueur, il n'est point nécessaire d'autre outil pour faire la récolte ; mais il est commode cependant dans bien des cas, d'en avoir quelques autres à sa disposition, surtout dans un voyage de quelque durée. La loupe, dont l'usage est bien connu, est un meuble qui ne doit jamais quitter le naturaliste ; on a à chaque instant besoin de scruter des détails qui échappent à la vue simple. Un barreau aimanté peut aider à recueillir dans des sables, ou autres matières désagrégées, les substances magnétiques qui y sont contenues. Un couteau de poche à plusieurs lames, pouvant servir de briquet, est utilisable dans bien des cas, soit pour essayer la dureté, soit pour creuser avec précaution dans des roches tendres. Un chalumeau est presque indispensable au minéralogiste dans ses excursions un peu lointaines, avec quelques réactifs que l'on place ensemble dans une trousse ; on peut ainsi faire des essais qui suffisent souvent pour caractériser des substances minérales, que le faciès ne suffit pas toujours à faire reconnaître ; mais on conçoit que cette opération est peu praticable en plein champ et que cet objet peut être laissé au gîte. Une pioche légère peut être très-utile, lorsqu'on a à creuser un peu profondément ; et quelques personnes y adaptent un manche servant de canne, et qui peut recevoir de même une masse pour rompre les roches trop résistantes. Toutefois la pioche n'étant ordinairement employée que pour des recherches spéciales et qui exigent un certain temps, il est préférable dans ce cas d'utiliser les instruments usuels à l'agriculture et que l'on peut partout se procurer. Il est essentiel de ne pas accroître inutilement ses impédiments de voyage.

Les instruments pour les observations sont aussi indispensables que les outils pour les récoltes. En première ligne, on doit placer les cartes topographiques des contrées à explorer, et surtout les cartes géologiques, lorsqu'il en existe, aussi imparfaites qu'elles soient. On les colle sur toile, pliables en un format commode pour le transport. Elles servent de guide dans les pays que l'on ne connaît pas, et on doit sur le terrain même y marquer les gisements ou les limites des formations; elles sont surtout précieuses pour les observations de stratigraphie orographique, en ce qu'elles donnent des directions mesurables avec plus de précision que n'en comportent les instruments usuels. C'est en effet la boussole de poche qui sert à cet usage, et outre qu'elle peut être plus ou moins affolée par les outils en fer, qu'on néglige quelquefois d'éloigner suffisamment de soi, elle ne peut donner d'observation d'angles pour les orientations qu'à quelques degrés près, étant dépourvue d'alidade. On se servait autrefois d'une boussole dont la demi-circonférence était divisée en douze heures; mais, surtout en France, on n'emploie plus que des limbes à 360 divisions. L'instrument est en forme de grosse montre et peut se porter de même; il est pourvu sur un des côtés d'une surface plane, qui permet de mesurer les inclinaisons au moyen d'un perdendicule oscillant devant un limbe gradué spécial. Certaines boussoles à réflecteur peuvent donner des mesures d'angles plus précises, parce que l'alidade y est remplacée par un artifice particulier de coïncidence d'images ; mais lorsque le géologue a besoin de mesures plus rigoureuses, par exemple pour dresser le plan de certaines surfaces ou fixer sur un plan un point précis, il doit recourir à d'autres instruments. Le plus commode par son petit volume, est le sextant-tabatière qui, muni d'un vernier et d'une lunette, peut donner des lectures d'angles à une minute près. Construit absolument d'après les principes du sextant de marine à réflexion, se tenant à la main pour l'observation comme ce dernier, il n'exige aucune installation. Avec un niveau artificiel, il peut même donner des observations de latitude assez approchées, et ce qui est plus utile au géologue, des différences d'altitudes de points dont on peut déterminer les distances. Dans ce cas, il supplée au baromètre. Ce dernier instrument a fait jusque dans ces derniers temps le désespoir de bien des géologues, par la préoccupation constante que nécessitait son extrême fragilité pendant les voyages. On a remplacé les anciens instruments à mercure par les baromètres métalliques, qui n'ont plus d'autre inconvénient essentiel que de présenter encore trop de volume. Dans tous les pays dont les cartes portent quelques cotes géodésiques d'altitude, il est bien plus commode d'employer le procédé précédent pour les nivellements qui intéressent le géologue.

Lorsqu'on a fait choix des échantillons à emporter, il importe de prendre des précautions pour qu'ils ne s'altèrent point par le transport ; ceux qui sont lourds doivent être séparés de ceux qui sont fragiles, et tous doivent être enveloppés de papier assez résistant, afin d'éviter l'usure par le frottement des surfaces en contact. Les plus délicats peuvent être renfermés avec de la ouate dans de petites boîtes en bois ou en fer-blanc, et logés ainsi avec les autres dans le havre-sac ou la sacoche, sans craindre qu'ils soient écrasés.

Le havre-sac, ordinairement en cuir, ressemble à celui du soldat et se porte de la même manière; mais il est incommode, parce que son ouverture n'est pas à la portée de la main et qu'il faut le mettre à terre à chaque fois que l'on a un objet à y placer. Préférable au havre-sac de chasse, dont la bretelle en écharpe écrase la poitrine, il est cependant fatiguant à porter, parce qu'il tire les épaules en arrière. Les personnes qui se munissent d'un attirail complet, auront avantage à rattacher le sac par des bretelles additionnelles au ceinturon destiné à porter les pioches et les marteaux, de la même manière que le soldat le rattache à son ceinturon porte-sabre. Beaucoup de géologues préfèrent à ce meuble, qui a le défaut d'être de mise un peu excentrique, une simple besace-filet qui, lorsqu'elle est vide, peut facilement se dissimuler, et pleine ne fatigue pas davantage, parce qu'elle appuie par une plus large surface et qu'elle peut être placée alternativement sur l'une ou l'autre épaule, et même sur les deux à la fois. Les échantillons bien enveloppés de papier s'y conservent tout aussi bien et souvent mieux, parce qu'ils y sont moins ballotés pendant la marche; il n'y a qu'un inconvénient, c'est de ne point les mettre à l'abri de la pluie, si l'on se trouve surpris par une averse; mais il est facile de se précautionner contre cet accident, actuellement surtout où les couvertures imperméables et légères ne laissent que l'embarras du choix.

Le choix des échantillons de collection mérite une attention particulière et l'intérêt scientifique est toujours rehaussé par la fraîcheur de conservation, la régularité de formes et l'arrangement des objets. Mais il n'y a guère que les roches et les masses minérales qui puissent être ramenées à un format de convention sans perdre aucun de leurs caractères. Pour l'étude sur place, il est nécessaire de briser un certain nombre de morceaux, que l'on examine avec soin, pour en reconnaître la structure, et souvent même à l'aide de la loupe; on devra toujours choisir ceux de ces morceaux qui présentent tous les caractères les plus habituels de la masse et ceux aussi qui offrent des particularités remarquables ou même exceptionnelles. Il est toujours essentiel de les façonner sur place, pour les ramener à la forme typique adoptée pour sa collection; cette forme ne peut, en effet, s'obtenir du premier coup, ni sur un morceau quelconque, et l'on doit s'y prendre à plusieurs fois pour réussir. L'échantillonnage ne saurait donc, sans inconvénient, être renvoyé au cabinet, surtout pour des commençants qui ne brillent pas ordinairement par leur dextérité dans cette opération. Ordinairement on choisit un format oblong, peu épais; 7 à 8 centimètres sur 10 à 12 suffisent pour réunir tous les caractères du plus grand nombre de roches. Quel que soit le format adopté, on doit y réserver intacte une cassure fraîche, destinée à être mise en évidence; il est bon encore que les autres surfaces soient le moins possible martelées. On arrive assez facilement, après quelque pratique, à équarrir les échantillons en les tenant à la main et frappant sur les saillies à abattre des coups secs, avec la petite massette à angles vifs. Il est toujours plus facile de conserver ainsi la fraîcheur des cassures, qu'en frappant sur l'échantillon appuyé sur le sol ou sur une autre roche.

Pour la minéralogie, il n'en est pas ainsi; la forme des cristaux étant un des éléments de leur détermination, il est indispensable de les recueillir dans l'état où on les trouve, et le format doit être sacrifié. On se borne à supprimer le plus possible de la gangue dans les échantillons volumineux, et l'on n'est guidé dans le choix des petits que par la netteté et la particularité de forme et d'assemblage des cristaux qui y sont implantés ou contenus; il est évident qu'il doit en être de même des cristaux libres et isolés. Pour certaines substances fragiles, il est presque impossible de frapper sur les échantillons sans s'exposer à les briser, et lorsqu'elles sont rares, on se garde bien d'en faire le sacrifice. Dans les gisements abondants on peut, au contraire, faire sur place un certain nombre d'échantillons, pour y choisir ensuite ceux qui ont la forme la plus convenable. Lorsque les cristaux se brisent, l'échantillon est, en général, considéré sans nulle valeur et perdu; mais, si c'est une espèce rare et surtout si le cristal présente des particularités remarquables de forme, on doit en recueillir les morceaux pour les coller avec la gomme arabique, ou mieux encore avec le baume du Canada.

Dans le plus grand nombre des cas, les échantillons ne doivent plus être retouchés, parce qu'on s'exposerait à endommager leurs surfaces ou leurs arêtes. Lorsque le minéral n'est pas altérable par les acides, on peut l'immerger dans une eau légèrement acidulée pour le débarrasser des incrustations calcaires ou autres carbonates qui souvent le salissent. Lorsque c'est de l'argile qui doit être enlevée, il suffit souvent de placer l'objet sous un jet d'eau ordinaire, ou de le frotter légèrement avec une brosse douce mouillée. Il est possible quelquefois, par des réactifs appropriés, de dégager certains cristaux de leurs gangues ; mais il est rare que l'on puisse, sans danger d'altération, essayer de les débarrasser par d'autres moyens d'une gangue un peu résistante et on s'y décide très-rarement.

Les fossiles de toutes classes sont encore moins susceptibles d'être échantillonnés que les substances minérales. Ceux que l'on rencontre dégagés et libres doivent être recueillis tels quels, ainsi que le font les zoologistes et botanistes pour les objets vivants. Ceux qui sont engagés dans la roche doivent être extraits avec précaution et pour plus de sûreté avec une portion notable de la gangue, puis débarrassés sur place de la plus grande partie de celle-ci ; mais ce n'est qu'au laboratoire que l'on peut essayer de les décroûter complètement, parce qu'il faut beaucoup de soin pour ne pas altérer les surfaces dont les ornements fournissent ordinairement les caractères spécifiques les plus importants. Lorsque des fossiles rares ou remarquables se brisent sous le choc de l'outil destiné à les dégager, on doit en recueillir les morceaux avec soin pour les coller lors de la préparation ; en la négligeant, on s'exposerait assez souvent à perdre ainsi des objets précieux et les collections renferment de nombreux échantillons restaurés, qui sont restés jusqu'à ce jour et sont peut-être destinés à rester encore longtemps uniques dans leur genre; c'est surtout pour les ossements fossiles que cette pratique ne doit jamais être négligée; car il est très-rare que l'on puisse recueillir des pièces entières et d'une conservation parfaite. Il est même nécessaire de tout emporter chez soi, gangue comprise, pour ne point s'exposer à perdre des parties essentielles. Pour les empreintes de plantes, il vaut mieux emporter un échantillon un peu volumineux que de s'exposer à détruire le fossile en essayant de le réduire. Dans tous les cas, les morceaux sont toujours bons à récolter pour reconstituer un échantillon intéressant, et l'on peut même, avec un peu d'habileté, dissimuler le défaut. On doit toujours avoir le soin d'envelopper séparément les morceaux pour conserver la fraîcheur de leurs cassures, qu'il sera possible de rapprocher sans solution de continuité. On reviendra du reste sur cette question au chapitre spécial à la paléontologie.

Les coquilles plus ou moins minéralisées, pétrifiées, pour se servir de l'expression vulgaire, n'exigent pas pour leur transport d'autres précautions que les échantillons de minéralogie, d'autant plus qu'elles sont rarement trouvées débarrassées de gangue. On peut, dans ce dernier cas, boucher les cavités et dépressions par de petits tampons de papier et placer les échantillons les moins solides et peu volumineux dans une poche séparée de la besace. Certains gisements renferment des coquilles libres dans une matière arénacée, de manière à rappeler les faciès de nos plages actuelles coquillières; mais ces fossiles y sont en général plus ou moins fragiles, et l'on doit, pour ceux qui le sont le plus, les placer dans des boîtes avec la matière arénacée elle-même, qui empêchera leur écrasement ou leur usure par frottement. Cette gangue elle-même ne sera pas toujours inutile, car son examen à la loupe y fera presque toujours découvrir tout un monde de forami-nifères, de bryozoaires et autres infiniment petits, qui constituent quelquefois l'essence même du dépôt meuble. On peut souvent se passer de boîtes ; il suffit de faire des sachets de papier un peu fort, bien remplis et ficelés, qui peuvent toujours résister à un transport de peu de durée. Dans les courses un peu lointaines ou qui doivent durer plusieurs jours, on emballe dans des caisses peu volumineuses ses différentes récoltes, en prenant les précautions essentielles ; et, parmi celles-ci, nous signalerons plus spécialement un remplissage absolu et même serré au moyen d'un bourrage élastique, comme des pelotes de papier froissé, afin que le tasse-ment ne puisse produire des vides et que le cahotage destructeur soit ainsi évité.

L'arrangement des collections est une question su-bordonnée au goût de chacun et surtout à l'emplace-ment dont on peut disposer ; il y a deux conditions essentielles à remplir, c'est qu'on puisse distribuer les échantillons dans un ordre méthodique et qu'ils soient à l'abri de la poussière. Les vitrines, tables ou ar-moires ont pour grand avantage de permettre d'exa-miner d'un seul coup-d'œil un ensemble plus ou moins étendu ; mais elles ont pour inconvénient d'occuper trop de place. Les meubles à tiroir sont au contraire les plus économiques d'espace, et ce n'est pas un médiocre avantage pour des collections très-encombrantes de leur nature. Mais l'examen des séries ne peut s'y faire que successivement et beaucoup d'échantillons volumineux ne peuvent y être rangés à leur place. Les amateurs, qui ne font de la science qu'un objet de distraction ou qui ne désirent satisfaire qu'un sentiment de curiosité, préféreront le premier système; les hommes d'étude, qui en font au contraire une spécialité, adopteront de préférence le second. On peut du reste adopter une combinaison mixte, des meubles à partie supérieure vitrée destinée à l'exposition des échantillons d'apparat et à partie inférieure occupée par les tiroirs pour les séries classées.

Dans une collection complète de minéralogie et de géologie, on doit adopter plusieurs séries distinctes :

1º *Espèces minérales.* — Les collections de minéraux sont celles qu'on aime le plus généralement à exposer dans des armoires vitrées. Dans ce cas, il est possible de les réduire à un volume peu encombrant, en reléguant aux roches les échantillons dont le volume est trop accru par la gangue, ou en plaçant hors série ceux destinés à montrer diverses particularités de groupement de cristaux. Les minéraux peuvent être placés dans des boîtes en carton appropriées à leur dimension, et lorsqu'on en réunit plusieurs dans la même, on les isole autant que possible par un lit de ouate. Ce procédé convient aux tiroirs et aux tables vitrées ; mais pour les étagères, on préfère les coller sur des tasseaux; les cristaux isolés les plus remarquables sont souvent alors montés sur des agrafes.

2º *Roches plutoniennes.* — Ordinairement échantillonnées suivant un format régulier et uniforme, elles se placent très-commodément dans les tiroirs. Les uns divisent ces tiroirs, par de petites baguettes, en compartiments, pour recevoir les échantillons ; les autres placent ceux-ci dans des boîtes en carton ; cela importe peu, pourvu que le mouvement imprimé au tiroir, pour le sortir ou le rentrer, ne puisse déplacer les objets et les culbuter les uns sur les autres. La série pétrographique est ordinairement usitée pour l'arrangement des roches massives, parce que leur histoire chronologique est bien loin encore d'être fixée ; du reste, la distribution que nous avons indiquée pour les roches plutoniennes est, à quelques exceptions près et en grand, peu différente de leur ordre d'apparition.

3° *Roches neptuniennes*. — Celles-ci peuvent également être disposées en série pétrographique ; mais un géologue préférera la classification chronologique, qui fera reparaître souvent la même espèce minérale, sous des nuances de variations qui n'ont aucun intérêt au point de vue de leur composition, mais sont essentielles à considérer en tant que guides pour les recherches géologiques. La collection devient ainsi un tableau de la composition lithologique de chaque terrain.

4° *Fossiles*. — La classification la plus convenable est celle de la méthode naturelle, comme pour les êtres vivants des deux règnes. Mais ici on peut obéir à des tendances diverses ; on adoptera une série unique dans laquelle se succéderont les genres, ordres, classes et embranchements, suivant leur rang, mais sans tenir compte des âges différents auxquels ont vécu les diverses espèces, ou bien on constituera autant de séries naturelles que l'on admettra de faunes distinctes, ou autrement dit, de périodes paléontologiques. Dans ce dernier cas, et suivant que l'on sera plus spécialement géologue ou paléontologiste, on pourra rapprocher ou isoler les fossiles des roches qui les contiennent. Chacun de ces systèmes a ses avantages et ses inconvénients, et il appartient à chacun de se laisser guider par ses convenances particulières.

L'aménagement d'une collection de paléontologie n'est pas dépourvu de difficultés. D'abord on connaît déjà un nombre considérable d'espèces fossiles, et la mine des nouveautés semble loin encore d'être épuisée ; en sorte qu'une collection de ce genre est susceptible d'un accroissement presque indéfini. L'embranchement des mollusques et celui des zoophytes sont ceux dont les dépouilles sont les plus fréquentes dans les sédiments. Le plus ordinairement, ces fossiles sont assez solides pour être dégagés de la roche, et alors on les place dans des boîtes assorties, soit sur les tables à vitrines, soit plus commodément, chez les particuliers, dans des tiroirs. Au lieu de boîtes, il est avantageux d'employer des cartons sur lesquels on fixe les échantillons isolés ou groupés au moyen d'un mastic formé de craie et d'une solution de gomme arabique ; on peut ainsi manier plus facilement et les tiroirs, et les objets eux-mêmes. Lorsque la fragilité des fossiles ne permet pas de les isoler d'une gangue volumineuse, on est obligé de les placer hors série, soit dans des tiroirs plus profonds, soit sur les rayons d'une armoire vitrée ou non. Le même inconvénient est offert par certains mollusques et échinodermes de grande taille, et plus habituellement par les coralliaires et les spongiaires ; lors donc que l'on possède un nombre de tous ces gros fossiles, on fait bien de leur conserver une armoire spéciale dans laquelle on peut les classer méthodiquement.

Les articulés, les poissons et les végétaux sont le plus souvent rencontrés, soit en nature, soit à l'état d'empreinte, dans des roches plus ou moins fissiles qu'on peut facilement réduire à une épaisseur peu gênante ; mais souvent alors c'est la surface qui en devient encombrante. Les grandes pièces ornementales, montées sur des socles au moyen d'armatures et de crampons en fer, figurent convenablement dans des vitrines ; on peut toujours mettre en tiroir et en série naturelle les échantillons d'un format convenable. Beaucoup d'objets, tels que dents et aiguillons de sélaciens, certains crustacés, des fruits, etc., peuvent être collés sur cartons comme les coquilles. Il est cependant des cas où l'on a besoin de prendre d'autres précautions. Les fossiles transformés en pyrite blanche, ceux dont la substance est imprégnée de sels et non susceptible d'être lavée, se détruisent assez promptement par décomposition ou efflorescence au contact de l'air. Après les avoir séchés, on les couvre d'un vernis qui ne s'écaille pas ou on les plonge dans l'huile ; on peut encore conserver les premiers tout aussi longtemps dans l'eau distillée, et on les isole par espèces dans de petits bocaux complétement remplis et soigneusement lutés. Les empreintes, qui ont une tendance à s'effriter, peuvent être consolidées en les imprégnant d'une solution légère de gomme arabique, un peu sucrée, pour éviter son fendillement à la sécheresse.

Les ossements de mammifères et de reptiles sont les plus encombrants des fossiles, et cependant, comme ce sont les moins fréquents, ce sont les plus précieux; et les paléontologistes, à portée de leurs rares gisements, ne doivent jamais manquer les occasions de les recueillir. Au Muséum on réunit, dans des boîtes, les divers ossements de la même espèce à peu près comme on les disposerait en dessin sur une planche, et on les fixe par des colliers en laiton ou en fil de fer; ces boîtes sont ensuite superposées dans les armoires; mais il est rare qu'un particulier puisse disposer d'une place suffisante pour loger ainsi, même en petit nombre, des ossements de grandes espèces, telles que mastodontes, dinotherium, megatherium, etc.; il ne pourrait pas plus songer à les réunir en squelette, dans le cas si rare où il recueillerait toute l'ossature d'une de ces grandes espèces; il serait sans doute encore plus embarrassé pour loger ces grandes plaques pierreuses, qui renferment des squelettes complets de reptiles icthyosauriens, plaques presque toujours divisées en plusieurs pièces que l'on réunit et que l'on maintient en place dans des cadres, en remplissant les vides par du ciment ou même uniquement par du plâtre. Force est alors d'entasser ces objets précieux dans les meilleures conditions de conservation et d'abri contre la poussière; c'est à chacun à tirer parti de ses ressources ou à offrir ce qu'il ne peut loger aux collections publiques, soit à titre de don ou de cession.

Les infiniment petits ont aussi leur inconvénient pour collections, c'est celui de ne pouvoir habituellement être reconnus à la vue simple. Ceux qui tombent encore sous l'appréciation de ce sens, armés d'une faible loupe, peuvent être, s'ils sont libres de gangue, placés dans de petits tubes en verre de la forme de ceux employés par les chasseurs de petits insectes ou pour les drogues et médicaments homéopathiques. Si on peut joindre au carton sur lequel on les fixe un dessin un peu amplifié, la recherche en est rendue plus facile. Beaucoup de petits mollusques, des bryozoaires, des foraminifères, certaines graines comme celles des chara, des ossements même de très-petits vertébrés peuvent être ainsi réunis en grand nombre dans un petit espace. Il y a considérablement de nouveautés à découvrir dans cet ordre de recherches. Pour les fossiles réellement microscopiques, il n'y a guère d'autre moyen de conservation que la préparation sur des lames de verre au moyen du baume du Canada ou autre préservatif, à la manière de celles que les micrographes nomment des test-objets. Les lames amincies pour l'étude de la structure des os, des dents, des tissus végétaux silicifiés et autres, les plus petits foraminifères, les infusoires, les spicules de spongiaires, constituent ainsi sous un très-petit volume des collections d'un grand intérêt, soit pour le savant, soit pour le simple curieux, et il est souvent facile de s'en procurer les matériaux.

RECHERCHE DES MINÉRAUX.

Le premier soin du minéralogiste qui débute ou qui entreprend des explorations dans un pays nouveau pour lui, doit être de se procurer tous les renseignements bibliographiques sur la région qui doit être le théâtre de ses recherches. Les notices minéralogiques, les itinéraires, les statistiques minérales de certains annuaires départementaux fournissent de précieux documents qui lui économiseront bien du temps ; car un grand nombre de minéraux rares ou remarquables ne sont que des accidents, dont la découverte a été souvent due au hasard, si ce n'est à une exploration complète que le voyageur ne saurait entreprendre. On trouve dans beaucoup de départements des amateurs de collections, et même de modestes, mais vrais savants, qui se font un plaisir sinon de *piloter*, au moins de conseiller les débutants ou voyageurs sur les courses qui devront être les plus fructueuses. Il sera bon souvent, au moins pour les premières courses, et surtout dans les pays de montagnes, d'utiliser les services des guides dans les rares pays où on en rencontre.

Les premiers renseignements que l'on peut se procurer sans peine sont ceux fournis par l'examen des matériaux d'empierrement des routes, des moëllons employés pour les constructions et des galets et sables des rivières. On doit même étudier avec soin tous les débris entraînés par les torrents et les ruisseaux ; car il est rare qu'on n'y rencontre pas quelques traces de toutes les substances minérales qui se trouvent dans l'étendue de son bassin hydrographique. Ces substances ne s'y présentent pas ordinairement dans un état de conservation qui permette de les recueillir pour collection; mais en suivant de proche en proche les indices du chemin qu'elles ont suivi, on arrive assez facilement à leur gisement principal, que l'on peut explorer à l'aise.

Tous les accidents de terrain qui tranchent sur l'aspect général du sol par une particularité quelconque, soit de forme, soit de couleur, doivent être visités avec soin. Ils indiquent presque toujours quelque phénomène géologique particulier, qui peut avoir donné lieu à la production de quelque substance particulière. Les points diversement colorés sont dus souvent à des concentrations de certaines substances, ailleurs disséminées, ou à des altérations par désagrégation qui permettent de recueillir à l'état isolé les éléments de certaines roches cristallines; ou bien ce sont des points d'injections minérales par des évents plus ou moins marqués ou par des failles et des fissures remplies ou non de matières argileuses ou autres. C'est là fréquemment le gisement d'un grand nombre de minéraux qui ne font pas habituellement partie essentielle des roches. Les filons qui traversent la plupart des terrains, mais surtout ceux des âges les plus anciens, qui paraissent à la surface comme des débris de longues murailles rasées, sont ordinairement la mine la plus féconde des substances minérales; ils attirent plus spécialement l'attention de l'explorateur.

Les crêtes, les escarpements, les contrastes de formes orographiques sont partout des indices d'une composition minéralogique ou d'une structure particulières. Les points de contact des couches ou des masses de nature différente doivent être examinés avec soin, car on y trouve assez souvent, surtout dans les terrains anciens ou même dans les terrains modernes en relation avec des masses éruptives, des substances minérales particulières qui y constituent ce que l'on nomme des gîtes de contact. Les carrières, les chemins creux, les lieux dénudés du lit des torrents et des rivières, et en un mot toutes les parties du sol qui ne sont point recouvertes par l'humus et les détritus qui constituent la terre végétale, peuvent donner lieu à des observations ou permettre la récolte d'échantillons de minéraux ou de roches ; c'est là qu'il faut chercher les espèces disséminées, les géodes, les débris fossiles pétrifiés, etc. Chaque terrain a ses espèces minérales, mais celles-ci y sont distribuées dans des proportions très-inégales, qui font que certaines régions sont très-pauvres ou très-riches en minéraux, suivant que certains terrains y dominent. On peut à cet égard établir quelques catégories qui suffiront pour guider les débutants.

Terrains de sédiment non modifiés

C'est dans ces terrains que les espèces minérales sont le moins variées. L'argile, le calcaire, le sable siliceux, qui en sont les éléments les plus essentiels, y sont presque toujours à l'état amorphe ou d'agrégation ; la dolomie, le gypse, le sel gemme, certains minerais de fer et les combustibles fossiles, complètent l'énumération des substances qui y jouent un rôle de quelque importance. Les sédiments couvrent de très-grandes surfaces, et le sol de la France en est constitué dans ses trois bassins géologiques principaux, bassin de Seine et Loire ou de Paris, bassin de la Gironde ou de Bordeaux, bassin du Rhône ou de Lyon. Les études minéralogiques y sont sur de grandes étendues réduites à la pétrographie.

Les alluvions provenant des massifs cristallins ou volcaniques sont intéressantes à analyser mécaniquement, par les procédés employés par les orpailleurs; on y trouve souvent des cristaux, des substances dures et d'une densité au-dessus de la moyenne. On sait que c'est le gisement de l'or, du platine, des rubis, des topazes, etc. Dans notre pays, on ne peut guère espérer de rencontrer ces espèces; mais le zircon, le grenat, le corindon, l'émeraude peuvent y être recueillis. Le célèbre gisement d'Expailly, dans la Haute-Loire, peut être cité comme le type de ce genre. Dans les mêmes sables d'alluvion provenant des pays volcaniques, le barreau aimanté procurera souvent du fer oxydulé, du fer titané et quelques autres substances magnétiques. Dans les dépôts limoneux, on peut encore trouver du fer pyriteux, du fer limoneux, du fer phosphaté.

Les sources minérales renferment un grand nombre de substances que l'analyse y fait seule reconnaître; pour le minéralogiste, elles n'ont qu'un médiocre intérêt; différentes variétés de chaux carbonatée, dans celles qui sont thermales de l'aragonite et des quartz résinites, dans certaines autres du natron et quelques autres sels efflorescents, du soufre, du fer hydroxidé complètent la liste des substances qu'on peut espérer recueillir le plus ordinairement dans leurs dépôts travertineux.

Les calcaires sont très-rarement saccharoïdes dans ces terrains et sont ordinairement assez impurs ; ils peuvent fournir, au point de vue pétrographique, une série indéfinie de variétés. Des cristaux cependant tapissent souvent les cavités et les fissures de la roche, et on en rencontre encore dans l'intérieur de beaucoup des coquilles fossiles. Des silex, des rognons de chaux phosphatée, qui paraissent être des coprolithes, s'y rencontrent à des niveaux variés, par exemple dans la craie de Meudon ; accidentellement, ces rognons présentent des cristaux de ces mêmes substances. La dolomie est très-souvent un produit de métamorphisme ; mais elle est aussi un produit direct de sédimentation et elle forme alors des alternances dans les dépôts calcaires.

La craie en offre un exemple à Beyne, où la roche magnésienne est constituée par des cristaux qui lui donnent une apparence arénacée. Quelquefois la magnésie se trouve à l'état de silicate dans les couches marno-calcaires, comme à Coulommiers et à Chenevières. On trouve dans certains calcaires des ossements fossiles et des dents colorés par le phosphate de fer, et que l'on décore du nom de turquoises de nouvelle roche. En général, ces gisements constituent ce que les géologues nomment des horizons, c'est-à-dire qu'ils règnent sur des étendues quelquefois considérables et à des niveaux déterminés dans l'échelle des couches.

Les terrains argileux renferment peu de substances minérales. La pyrite de fer y est assez généralement répandue en rognons hérissés par les pointements des cristaux, plus rarement en beaux cristaux isolés, en certaines parties à l'état de moules de coquilles ou d'autres fossiles. Au voisinage de la pyrite blanche qui se décompose et dans les argiles calcarifères on peut recueillir des cristaux lenticulaires de gypse. C'est assez ordinairement dans les dépôts argileux ou marneux que se trouvent intercalés les gypses sédimentaires, tantôt à l'état saccharoïde ou d'albâtre, tantôt en grands cristaux dits fer-de-lance. Le gypse est encore un compagnon assez fidèle du sel gemme, qui appartient en France aux marnes irisées, un des étages du trias, mais se retrouve en d'autres contrées à plusieurs horizons géologiques. Il n'est possible de conserver les beaux échantillons que fournissent ces gisements qu'à l'abri des variations hygrométriques de l'air, soit dans des récipients bien clos, soit sous des cloches en verre, en plaçant à côté une substance très-avide d'eau, comme la potasse. La célestine ou sulfate de strontiane est souvent associée au gypse et on peut en recueillir aux environs de Paris. Le soufre y est beaucoup plus rare.

Les combustibles minéraux sont assez habituellement contenus dans les formations argileuses, que celles-ci soient à l'état plastique ou que, plus anciennes, elles soient devenues schisteuses; mais on en trouve encore dans les formations calcaires, dans les grès plus ou moins grossiers ou dans les alternances de ces diverses roches. Les lignites varient beaucoup depuis la forme presque tourbeuse jusqu'à celle de jayet, ou bois fossile à organisation assez bien conservée pour permettre encore l'étude microscopique de ses caractères, depuis la texture terreuse et plus ou moins mélangée d'argile jusqu'à la compacité résinoïde; et dans ce cas il devient souvent difficile de les distinguer de la houille et même de l'anthracite, qui ne paraissent en général, du reste, en différer que par des modifications dues à leur ancienneté. C'est au voisinage de ces dépôts de végétaux anciens que doivent se rencontrer les substances résinoïdes qui en sont les produits : succin, rétinite, copale, etc.; les lignites du Soissonnais et des environs de Paris en renferment des gisements, moins riches il est vrai que ceux de la Baltique.

Les schistes bitumineux de divers terrains (houiller, lias, etc.) et les dusodyles paraissent avoir une origine analogue, et on les rencontre assez souvent au voisinage des dépôts précédents; toutefois, il s'y mêle au moins une grande proportion de matière animale, car les fossiles de ce dernier règne y deviennent souvent très-abondants. La chaux phosphatée, fournie par les coprolithes et les débris osseux, y constitue souvent des gisements importants. Dans le mansfeld, des schistes sont imprégnés de cuivre pyriteux, qui a rempli les moules des fossiles de la même manière que la pyrite de fer l'a fait dans d'autres circonstances analogues.

Les formations de grès sont en général peu riches en minéraux, et presque toujours leur présence paraît y être due à des phénomènes d'épigénie. Le cuivre pyriteux et le cuivre carbonaté sont abondants dans certains grès de l'époque permienne. Le manganèse oxydé est fréquemment disséminé sous forme de dendrites dans ce genre de roche, et plus rarement il y forme des amas dont les cavités sont hérissées des pointements de longs cristaux bacillaires ou aciculaires. Il est inutile d'y citer le fer oxydé ou hydraté, qui en constitue souvent le ciment et peut par conséquent fournir des cristallisations dans les fissures et les cavités. La plupart des autres gisements rentrent dans la catégorie suivante.

Sédiments plus ou moins métamorphiques

Quelquefois la modification épigénique des dépôts sédimentaires est réduite à une simple injection de substances minérales. Les grès nommés arkoses en offrent un exemple très-remarquable à la base des terrains jurassiques de la Bourgogne. On peut y recueillir des cristaux de galène, de fer oligiste, de barytine, de chaux fluatée, etc. Certains fossiles y sont même transformés en ces substances minérales. Le phénomène se reproduit à d'autres niveaux géologiques, et l'on peut citer comme exemple : la galène en grains des grès triasiques de l'Argentière et de Milhau ; la galène mêlée de blende dans les calcaires jurassiques de la Charente ; les mêmes substances dans certains grès crétacés de la Barbarie. Beaucoup de dolomies paraissent n'être que des calcaires injectés de magnésie, et souvent on peut observer leurs relations intimes avec certaines roches éruptives plus ou moins magnésiennes. On y trouve assez habituellement un certain nombre d'espèces minérales : galène et carbonate de plomb, blende et calamine, antimoine sulfuré, cinabre, arsénio-sulfure de plomb, pyrites de cuivre et de fer, arsenic sulfuré, strontiane sulfatée, baryte sulfatée, quartz hyalin, tourmaline, feldspath, talc, mica, corindon, topaze, grenat, etc. C'est dans les géodes, ou cavités, qu'il faut chercher les cristaux de ces diverses espèces.

C'est encore à un phénomène de ce genre que doivent être attribués certains gisements de sel gemme et de gypse, qui comme ceux des Pyrénées et de l'Algérie sont plus ou moins indépendants des roches stratifiées qui les contiennent. On y trouve du soufre, du bitume, des pyrites de fer et plus rarement de cuivre, du quartz hyalin, du calcaire saccharoïde, des tourmalines, etc. Ces gisements ont en certains points des relations directes avec les dolomies et plus souvent avec des roches éruptives serpentineuses ou dioritiques; dans ce cas on peut y rechercher les espèces minérales qui accompagnent ces dernières roches.

Les schistes, qui ne sont que des argiles feuilletées, endurcies, propres aux terrains anciens, sont d'autant plus riches en espèces minérales qu'ils ont été plus profondément modifiés. Les schistes talqueux sont dans ce dernier cas, et on y trouve disséminés en cristaux, souvent disposés dans le plan de la schistosité, un grand nombre de macles, la staurotide, le disthène, le grenat, l'idocrase, l'épidote, le dipyre, l'amphibole. La presqu'île de Bretagne, certains cantons des Pyrénées et des Alpes présentent de nombreux types de ces gisements.

En général, le minéralogiste doit porter toute son attention sur les parties des roches sédimentaires qui sont en contact plus ou moins immédiat avec les roches éruptives et les filons, ou qui ont éprouvé plus ou moins l'action métamorphique de ces roches; il les trouvera souvent injectées de substances minérales dignes de figurer dans les collections. Le voisinage des grandes failles, les parties où la stratification a été oblitérée par des écrasements ou des plissements énergiques, ne doivent pas plus être négligés ; car on y trouve assez souvent des gisements riches et variés.

Terrains cristallins et éruptifs

Quoique les micaschistes et les gneiss paraissent avoir une origine sédimentaire et qu'à ce titre leur place soit marquée dans la série précédente, au point de vue minéralogique il est convenable de ne les pas séparer des formations granitiques, car on y trouve en général les mêmes espèces minérales. Les éléments mêmes de tout cet ensemble de roches y sont très-variés : orthose, oligoclase, albite, labrador, quartz, mica, talc, amphibole ; ils peuvent fournir au collecteur une série considérable de variétés de formes cristallines. Les espèces non essentielles y sont également en grand nombre ; et comme on y trouve presque tous les éléments chimiques connus, il serait bien plus facile d'énumérer les espèces minérales qui n'y ont pas encore été rencontrées, que de dresser la liste de celles qui s'y trouvent. Les gisements y constituent trois types distincts dont les caractères méritent d'être signalés.

Dans les roches cristallines, schistoïdes ou granitoïdes, les espèces minérales nombreuses qui n'entrent pas d'une manière essentielle dans leur constitution, sont plus ou moins disséminées au milieu des autres éléments, et des recherches attentives et même souvent le hasard peuvent seuls les faire découvrir. Ces minéraux, pour ainsi dire sporadiques, ont cependant dans leur dispersion certaines tendances à se concentrer, à se localiser en certaines places privilégiées, de manière à y constituer de véritables gisements, et lorsque, dans ses recherches, le minéralogiste rencontre quelque trace des espèces précieuses, il doit toujours porter toute son attention au voisinage, dans l'espérance d'y découvrir un de ces gisements qui le dédommagera amplement de ses peines. On ne pourrait énumérer les minéraux de ces terrains qu'en reproduisant presque la table d'un traité de minéralogie. Parmi les plus répandus et les plus importants on peut citer : disthène, staurotide, corindon, diaspore, tantalite, rutile, wolfram, grenat, pinite, émeraude, zircon, amphibole, topaze, tourmaline, axinite, sphène, spinelle. On doit faire remarquer que les granits les plus anciens sont les plus riches en espèces minérales; on les reconnaît à cette particularité qu'ils sont traversés par d'autres granits en filons, qui sont eux-mêmes d'autant plus pauvres qu'ils ont fait éruption à des époques moins anciennes.

Le massif central de l'Auvergne et des Cévennes, la Bretagne, beaucoup de cantons des Pyrénées et des Alpes (l'Oisans surtout dans celles-ci), les Maures, le Morvan et les Vosges, sont les régions de la France où les terrains cristallins sont développés sur de grandes proportions.

Les filons métallifères constituent le deuxième type de gisement et en même temps la mine la plus riche en échantillons luxueux des cabinets de minéralogie; c'est en même temps celle de la plupart de nos métaux usuels; en sorte que les travaux d'exploitation y viennent souvent simplifier les recherches du collecteur minéralogiste. Du reste, ces gisements se reconnaissent presque toujours de très-loin, à leurs affleurements rocheux, saillants à travers les autres roches sous forme de longues murailles constituées par les gangues, ou bien à de longues traînées de substances différemment colorées que les roches dominantes. Ces filons appartiennent à plusieurs types d'âge et de caractère différents.

Les plus anciens, nommés filons stannifères, parce qu'ils sont le gisement habituel des mines d'étain, sont les plus riches en espèces minérales et ils renferment presque tous les corps simples. Les gangues sont peu distinctes de la roche encaissante, et les affleurements sont en général peu nettement caractérisés. Presque toujours, ces filons sont contenus dans les granits les plus anciens, et souvent au voisinage leurs substances sont disséminées parmi les éléments mêmes de cette roche encaissante. Les minéraux métalliques qui sont les plus répandus sont des sulfures de fer, de cuivre, de zinc, d'argent, de molybdène, des arséniures de fer, de nickel, de cobalt, de cuivre, etc., divers tellurures, des tungstates et tantalates, de l'or et de l'argent natif. Les gangues sont principalement formées de chlorite, stéatite, amphibole, émeraude, tourmaline, topaze, axinite, sphène et quartz. En France, ces gisements ne sont représentés que par quelques exemples peu remarquables de la Bretagne et du Limousin.

Les filons, nommés plombifères d'après le métal qui y domine, ont encore pour gangues le quartz, mais point de silicates et seulement la chaux phosphatée et fluatée, la baryte sulfatée, le fer oxydé et carbonaté; ces substances y sont disposées habituellement en zones parallèles, qui forment sur les tranches et les fronts de taille des rubannements plus ou moins distincts; de nombreuses cavités y constituent des géodes tapissées par les cristaux de toutes les substances contenues dans ces filons. C'est là que se trouvent les plus beaux échantillons de collection. Les sulfures de plomb, d'argent, de cuivre, de fer, de zinc, etc., les oxydes de fer et de manganèse, puis des carbonates, des phosphates, des arséniates des mêmes métaux, aucun de ceux-ci à l'état natif, sauf des cas accidentels de réduction, tels en sont les minerais les plus habituels. Les affleurements, ordinairement très-nets, sont surtout caractérisés par la barytine, et il est souvent arrivé que des exploitations de cette substance ont conduit à la découverte de minerais dont rien à la surface ne décelait la présence. Ceux de ces filons qui sont plus exclusivement quartzeux, sont en général moins métallifères. L'âge de ces gisements est encore assez ancien, quoique moins que celui des filons stannifères; et ils traversent tous les terrains stratifiés antérieurs aux couches secondaires récentes; mais c'est surtout dans les terrains dits de transition qu'ils abondent.

D'autres filons plus récents, dont quelques-uns sont même des derniers temps de la période tertiaire, peuvent être rapportés au type plombifère, mais ils présentent quelques particularités remarquables. Les gangues à affleurements plus diffus sont plus rarement constituées par le quartz et la fluorine, bien plus souvent, au contraire, par les carbonate et oxyde de fer, le carbonate de chaux, la dolomie ou l'ankérite avec ou sans mélange de barytine. Le rubannement de ces gangues est peu habituel et toujours très-diffus; le filon lui-même a des salbandes plus ou moins mal limitées; et en nombre de localités, il passe insensiblement à l'état d'injection métallifère dans tous les interstices des roches encaissantes, qui étant de nature calcaire deviennent souvent dolomitiques et se rattachent alors au type signalé plus haut. Les sulfure et carbonate de plomb, les cuivres gris et pyriteux, la blende et la calamine, le sulfure et l'oxyde d'antimoine, sont les minerais les plus habituels; on y trouve aussi du mercure, du nickel, de l'argent dans la galène, de l'or dans les pyrites, ces deux métaux dans les cuivres gris, etc. Les géodes sont moins fréquentes et y fournissent des échantillons minéralogiques beaucoup moins variés. Lorsque ces gisements renferment des matières argileuses, soit comme gangues, soit comme matières de salbandes, on en retire souvent par le lavage des cristaux bien terminés et toujours plus complets que ceux des géodes, dont une des extrémités est toujours oblitérée. On doit surtout porter son attention sur les points où les filons passent d'une roche encaissante dans l'autre, parce qu'il s'y opère souvent des modifications considérables dans la matière des minerais et qu'il y a souvent en ces points des concentrations de minéraux particuliers.

Le troisième type est fourni par les roches éruptives proprement dites, c'est-à-dire celles qui sont plus ou moins analogues aux matières qui s'épanchent des volcans. Ces roches se comportent à la manière des filons au milieu des autres terrains; mais ce sont des filons gigantesques que l'on a nommés des dykes et des typhons. Les unes semblent avoir percé comme des coins les terrains encaissants, les autres se sont épanchées sous forme de nappes, d'autres enfin ont fourni ou fournissent encore des coulées vomies par des cratères de matières scoriacées. Ces roches très-variées fournissent au minéralogiste un assez grand nombre d'espèces minérales, les unes essentielles, les autres accessoires, et pour la majeure partie de la classe des silicates. On peut citer pour les premières, dans le groupe feldspathique, l'albite des roches porphyriques, l'orthose et l'oligoclase des roches trachytiques, le labrador des roches basiques et des roches basaltiques; l'amphibole, le pyroxène, le diallage, la serpentine sont les autres espèces les plus importantes.

Les porphyres et les trachytes renferment très-peu de substances autres que celles qui sont constitutives. Il en existe beaucoup plus dans les roches dioritiques et serpentineuses; mais c'est surtout au voisinage de leur contact et sans doute sous leur influence que les dolomies sont devenues riches en minéraux remarquables comme il a été dit plus haut. On peut chercher dans les dernières roches l'apophylite, la datholyte, la saccharite, etc., et dans les amygdaloïdes porphyriques la prehnite, l'hydrolithe, l'harmotome, l'analcime, les agates, etc.; dans les roches trachytiques, le sphène, l'haüyne, l'amphibole, le fer spéculaire, etc. Dans les serpentines existent quelques gisements de minerais métalliques, particulièrement de cuivre.

Les roches basaltiques sont le gisement de prédilection des zéolites ou silicates hydrates. On ne trouve que peu de minéraux dans leurs parties compactes et homogènes, et le péridot seul y est assez fréquent sous forme de noyaux ou de grains disséminés. On en rencontre davantage dans celles de ces roches qui affectent une apparence d'altération, due le plus souvent à leur état d'impureté. Mais c'est surtout dans les matières conglomérées, qui servent comme de salbande aux dykes éruptifs et paraissent même quelquefois les constituer à elles seules et que l'on a désignées sous les noms de wakes et pépérites, que l'on trouve les plus beaux échantillons de ces minéraux remarquables; ils y remplissent toutes les cavités, fissures et vacuoles et y constituent de magnifiques géodes; on les trouve souvent encore dans les roches sédimentaires, modifiées au contact de ces matières ignées. Les chaux carbonatée et sulfatée y montrent une grande variété de formes de cristaux. Analcime, stilbite, chabasie, mésotype, scolézite, quartz hyalin, calcédoines, etc., sont plus ou moins spéciaux à ces gisements; cette dernière substance se présente en gouttelettes sur du bitume, dans plusieurs gisements de l'Auvergne.

Les volcans à cratère sont remarquables à plusieurs points de vue minéralogiques. Dans les plus anciens, dont ceux de l'Auvergne peuvent offrir le type, les espèces non constituantes sont bien rares et peu nombreuses; mais on peut y recueillir de magnifiques échantillons de fer spéculaire. Au contraire, ceux de l'époque actuelle, et parmi eux le Vésuve, sont une mine très-riche en substances très-variées contenues soit dans les laves, soit dans les scories, mais surtout dans les blocs de roches étrangères rejetés par le volcan ou modifiés par ses émanations. Ce sont, pour ne citer que les plus remarquables, ryacolite, grenat, idocrase, méionite, amphigène, sodalite, euphéline, quartz, hyalyte, wolastonite. Aux volcans se rattachent les solfatares, les geysers et les salses, dont les produits méritent encore de figurer dans une collection de minéralogie.

RECHERCHE DES FOSSILES.

La dispersion des fossiles dans les terrains n'a rien de constant, et ce n'est que l'expérience qui peut apprendre aux naturalistes quels sont les points favorisés à cet égard. Elle tient, en effet, à plusieurs causes très-complexes, dont les principales sont : la station et, par conséquent, la limite souvent effacée des continents anciens d'avec les nappes d'eau; la nature de ces dernières; les habitudes mêmes des êtres, sur lesquelles on ne peut faire que des hypothèses; la nature et le mode de dépôt des sédiments; le charriage lointain ou nul des dépouilles des êtres organisés; les altérations que ces dépouilles ont subies soit par les déplacements moléculaires de leur substance, soit par l'étirement ou la compression des couches qui les renferment, soit par tout autre cause de métamorphisme, etc.; en sorte que l'on est réduit à donner des indications de gisement très-vagues, en signalant, pour chaque type organique, l'époque à laquelle il a joué un rôle remarquable dans la constitution des flores et des faunes.

Végétaux fossiles.

Type houiller. — Le gisement principal des végétaux de cette grande période, qui embrasse les temps paléozoïques et les premiers temps secondaires, est ordinairement au voisinage des dépôts de combustibles. C'est surtout dans les schistes alternant avec les grès et les houilles que l'on trouve les mieux conservés, et les haldes des mines sont ordinairement les lieux des récoltes les plus faciles. Les plantes s'y trouvent à l'état d'empreinte et, plus souvent, l'écorce des tiges et le parenchyme des feuilles y sont conservés à l'état de houille, que l'on doit ménager avec soin, parce que les caractères de la surface y sont bien plus manifestes. Il n'y a guère d'autre préparation qu'un lavage par immersion rapide des échantillons saillis et un très-léger gommage de ceux qui menacent de se déliter à l'air. Au voisinage des mines incendiées, les schistes plus ou moins cuits ou porcelanisés donnent des empreintes d'une grande netteté et d'une conservation plus facile.

Les grès renferment aussi des empreintes; mais, en raison de la grossièreté du grain de la roche, elles sont en général très-frustes; par contre, on peut assez souvent y rencontrer des fragments de tiges pétrifiées et dont l'étude microscopique devient possible sur des lames amincies. Les nodules de fer carbonaté ont aussi fourni des échantillons très-instructifs sur les organes de reproduction de plusieurs végétaux de types entièrement perdus.

Les cryptogames acrogènes, et surtout les fougères,

forment l'élément dominant de ces flores; les lycopodiacées y sont assez différentes de celles de nos jours pour constituer une famille distincte, celle des lépidodendrées. C'est l'embranchement des phanérogames gymnospermes qui paraît avoir joué le second rôle dans le tapis végétal de ces temps reculés, et il s'y trouve représenté par des formes tellement différentes de celles du monde actuel, qu'il est probable que, mieux connues, elles deviendraient le type de plusieurs classes distinctes. Au reste, cet embranchement du règne végétal se trouve aujourd'hui tellement appauvri, que les paléontologistes auraient pu prévoir ce rôle joué par le groupe. Des faits semblables nous sont offerts par les différentes séries du règne animal. Les astérophyllitées sont les plus anormales, et leur organisation est encore assez imparfaitement connue; les troncs de certaines espèces avaient été pris pour des prêles gigantesques. Les sigillariées et nœggerathiées rappellent un peu les cycadées de notre époque, et elles disparaissent plus vite que les précédentes, en même temps qu'apparaissent les premières zamiées. Les conifères sont rares et des temps les moins anciens de la période; ce sont des walchia dans les couches supérieures du terrain houiller, et des voltzia et haïdingera dans le trias. On ne connaît point d'angiospermes dicotylédonées et seulement quelques monocotylédonées très-douteuses. Tels sont les caractères de cette flore dont on connaît environ 600 espèces, dont la moitié sont des fougères; elle est susceptible d'être divisée en flores d'époques différentes, mais très-inégalement connues et correspondant, sans doute, à des florules de stations non comparables. En France, on peut signaler comme types les terrains anthraxifères de la Loire inférieure; tous les terrains houillers; le grès bigarré de Soultz-les-Bains et autres localités du massif vosgien; les schistes de Lodève, que l'on paraît s'accorder à regarder comme permiens. On doit citer aussi les terrains anthraxifères des Alpes, comme fournissant une belle série de végétaux de cette flore.

Type jurassique. — La flore des terrains secondaires est essentiellement caractérisée en Europe par la présence de nombreuses cycadées, l'absence des angiospermes dicotylédonées et presque des monocotylédonées. Toutefois, cette période est ainsi assez mal limitée; car les premiers représentants des cycadées sont contemporains des astérophyllitées dans le trias, et les derniers ont encore vécu avec les premiers représentants des dicotylédonées dans la craie moyenne, où apparaissent aussi les premiers palmiers. Les algues, dont quelques représentants s'étaient déjà montrés dans les terrains paléozoïques, sont ici assez variées; les fougères ont d'assez nombreuses espèces, de types en général assez distincts de ceux des temps plus anciens et où se font remarquer les frondes à nervation réticulée; les cycadées sont d'autant plus différentes de nos zamia qu'elles sont plus anciennes; les conifères sont peu variées et paraissent se rapporter à la famille des taxinées, avec un feuillage de cupressinées ou même d'abiétinées; les monocotylédonées indiscutables sont des nayadées; enfin, la première apparition des dicotylédonées angiospermes, dans les parties les plus supérieures des terrains secondaires, paraît se faire par des végétaux dont plusieurs appartiennent au type amentacé.

Les gisements de ces végétaux sont sporadiques, du moins en France, et se montrent dans plusieurs espèces de roches ; ils ne semblent pas être en relation avec des dépôts de combustibles. Les grès du Lias d'Hettange et de Lamarche renferment quelques fougères et cycadées. Les marnes liasiques des environs de Metz ont fourni quelques algues et cycadées. Les calcaires lithographiques de Châteauroux et de Morestel, ceux bitumineux de Nantua, renferment des conifères, des cycadées, peu variées, mais fréquentes, et quelques fougères et nayades. Les calcaires grossiers de Mamers et les calcaires blancs oolithiques de la Meuse sont assez riches en individus d'un petit nombre d'espèces de fougères, conifères et cycadées ; malgré le grain grossier de la roche, les échantillons de cette dernière région sont remarquables par la conservation de certains détails que la coloration ferrugineuse fait ressortir. Le terrain wealdien et, probablement le terrain néocomien, que beaucoup d'auteurs confondent en un seul, ne sont, au point de vue botanique, que la continuation de l'époque jurassique ; la France en possède un type peu riche dans le pays de Bray, dont les argiles ou grès argileux ne fournissent que des empreintes assez fugaces ; peut-être le type marin se montre-t-il dans les lignites de l'île d'Aix, près de La Rochelle. On ne connaît point en France de gisement de plantes fossiles des terrains crétacés moyen et supérieur ; quelques débris ont été recueillis çà et là ; c'est une lacune qu'on peut espérer voir combler à la suite de nouvelles explorations. On doit rappeler que c'est dans le quader et le planer que se sont montrés, en Allemagne, les premiers dicotylédones fossiles; plus près de nous, on peut en trouver un gisement, dans la craie d'Aix-la-Chapelle, qui n'a du grès vert que l'apparence.

Type tertiaire. — Les flores des différents terrains tertiaires de l'Europe paraissent avoir pour caractère essentiel la disparition presque complète des cycadées et leur remplacement par les palmiers, peu de fougères, des conifères de genres très-voisins, sinon identiques, à ceux de notre époque, un grand développement de dicotylédonées apétales ou dialypétales, dont la détermination est souvent entachée d'incertitude. Les algues y sont assez variées; des mousses, des hépatiques, des chara, des nayades, quelques liliacées attestent l'apparition ou la persistance de ces familles dans les époques tertiaires. Parmi les dicotylédonées, ce sont assez naturellement les types à feuilles caduques qui nous ont été le plus souvent conservés; on y trouve des représentants des arbres de nos pays d'autant plus abondants qu'ils sont d'époque plus récente; puis un certain nombre de formes étrangères à nos climats, mais dont la détermination repose trop souvent sur des éléments insuffisants.

Les gisements en France sont assez variés, et beaucoup ont été, dans ces derniers temps, l'objet de recherches et d'études plus approfondies. Dans l'époque éocène, on peut citer les lignites du terrain parisien et certains lits de calcaire grossier des environs immédiats de Paris; des végétaux terrestres y sont mêlés à des plantes marines assez nombreuses, algues et zos-

térées. Les travertins de Lézanne représentent une flore
forestière, où quelques fougères se mêlent à de nombreuses feuilles de dicotylédonées ; les fruits pyriteux
de l'argile de Londres aux îles de Wight et de Sheppey,
si remarquables sous tous les rapports, ont été illustrés
par Bowerbank dans une belle monographie.

Les terrains de la période miocène renferment en
France un grand nombre de gisements de végétaux fossiles, qui ont été surtout étudiés dans les derniers
temps par M. de Saporta. On peut citer les meulières
de Paris et les calcaires lacustres de l'Auvergne, qui,
avec les gypses d'Aix, sont des formations contempo-
raines ; les empreintes s'y découvrent dans les parties
schistoïdes ou fissiles des couches, et celles d'Aix y sont
parfois d'une netteté de conservation remarquable. Les
calcaires en dales d'Armissan, près de Narbonne, contiennent également un grand nombre d'empreintes
très-nettes de plantes aquatiques et terrestres. Il serait
trop long d'énumérer tous les points où l'on a recueilli
des fossiles végétaux de cet âge ; on pourra se rensei-
gner dans les publications de l'auteur cité ci-dessus.

Les gisements de la période pliocène semblent avoir
été, en France, plus négligés que les autres. Les schistes
charbonneux de Menat semblent devoir être rapportés
à cette période ; ils renferment cependant encore des
palmiers qui paraissent manquer aux gisements typiques de Parchlug et d'Œningen. On peut y récolter,
en feuilletant les roches, une assez grande variété d'empreintes de dicotylédonées. Les assises de tuf ponceux
des Monts-d'Or et certains dépôts sous-basaltiques du
Cantal et de l'Ardèche renferment également des fos-

siles végétaux qui se rapportent aux parties les plus récentes des temps pliocènes. Les formes qui y dominent sont des conifères et amentacées d'espèces moins différentes de celles de nos forêts. Ces florules de l'Auvergne mériteraient certainement les honneurs d'une monographie.

Les tourbes et certains dépôts limoneux de l'époque quaternaire renferment aussi des débris déterminables de végétaux, qui ont vécu à une époque très-rapprochée de la nôtre, mais dont l'étude paraît avoir été plus ou moins négligée, par suite sans doute de cette présomption que les espèces n'en diffèrent pas de celles de notre flore. Mais les travertins de la même époque ont cependant dévoilé qu'il y avait encore là des découvertes à faire, ne serait-ce qu'au point de vue de l'origine de certaines de nos espèces actuelles, dont on cherche vainement aujourd'hui les types spontanés. Les recherches sur les stations lacustres ont démontré combien on pouvait en obtenir de renseignements précieux.

On ne saurait trop recommander aux personnes qui habitent au voisinage des gisements de végétaux fossiles de récolter de nombreux échantillons et de remarquer quelles sont les associations les plus constantes des différents organes, afin de pouvoir réunir avec plus de probabilité ceux de chaque espèce. La détermination des végétaux fossiles, en général, mais surtout des dicotylédonées, est plus ou moins empirique, parce que les feuilles, qui sont les parties les plus communes à l'état fossile, ne fournissent que dans des cas très-rares des caractères essentiels aux genres, et les analogies qui guident dans cette détermination ont le plus souvent besoin d'être corroborées par l'observation d'organes plus essentiels. Aussi doit-on porter toute son attention aux parties les plus délicates des empreintes parmi lesquelles peuvent se rencontrer des parcelles d'organes de reproduction, des parties même d'inflorescence, qui sont de précieuses trouvailles pour le botaniste et que l'amateur néglige trop souvent, parce que rien ne flatte la vue sur de pareils échantillons.

Les bois pétrifiés se trouvent dans beaucoup de terrains et viennent aussi ajouter de précieux documents à ceux fournis par les empreintes ; mais ici, l'étude est bien plus difficile, car elle ne peut se faire qu'au microscope, à l'aide de sections en plusieurs sens très-amincies jusqu'à la transparence, et ces préparations, toujours coûteuses, ne peuvent en général être faites que par des ouvriers spéciaux ; il arrive assez souvent, cependant, qu'on peut étudier sur des esquilles les parties les plus essentielles de la structure.

Zoophytes et mollusques fossiles.

Ce sont là les deux embranchements du règne animal qui fournissent le plus grand nombre d'espèces fossiles, parce que, pour la grande majorité, leurs espèces habitent les eaux marines, où se sont déposés la plus grande partie des sédiments. La nature testacée des coquilles et des sécrétions de beaucoup de zoophytes, a souvent permis leur conservation et, comme ces parties solides sont en même temps celles qui, pour les espèces vivantes, ont été le plus souvent prises pour base des classifications, au moins pour les groupes

secondaires, leur importance paléontologique est deve-
nue considérable, et leur emploi, pour caractéristique
de certaines couches, s'est trouvé beaucoup plus facile.
Ces fossiles se rencontrent tantôt aux places mêmes où
ils ont vécu, tantôt ils ont subi des charriages et des
transports lointains, soit en masse avec les sédiments,
soit à l'état de corps flottants, et dans les gisements on
peut facilement reconnaître ces différentes provenances
et se guider, pour les recherches de détail, sur les
associations analogues que présentent les mers actuelles. Du reste, cette connaissance est peu utile pour
la recherche des gisements, et elle ne sert ordinairement, lorsque ceux-ci ont été explorés, qu'à déterminer les stations maritimes actuelles, auxquelles on peut
les comparer. Des recherches attentives dans les dénudations, dans les ravines, dans les carrières, dans les
roches effritées à la surface et quelquefois même
dans celles polies pour l'ornement de nos habitations et
des monuments, sont ordinairement les meilleurs
moyens de découvrir les gisements à exploiter. Certaines espèces sont quelquefois assez répandues sur
de grandes surfaces dans une seule couche, qui peut
être, en même temps, pauvre en autres fossiles, et
elles deviennent ce que l'on appelle des espèces caractéristiques. Certains terrains renferment toujours assez
de fossiles pour que le géologue soit ainsi guidé dans
ses recherches de détail. Mais, dans d'autres terrains
et dans certaines régions, sur de grandes surfaces, ce
guide fait presque défaut et l'explorateur doit s'armer
d'une grande patience pour arriver à se procurer quelques-uns de ces éléments de détermination de terrains,

dans les cas où les éléments stratigraphiques font défaut.

Il y a peu de conseils à donner pour la récolte de ces fossiles. Les uns sont dans des roches tendres et peuvent être recueillis sans peine sur les surfaces dénudées ou désagrégées; les autres plus fragiles, doivent être pris avec une partie de leur gangue et nettoyés ensuite avec soin au cabinet; d'autres sont renfermés dans des roches dures et doivent être enlevés avec toute la gangue nécessaire pour n'être point mutilés, et dégagés ensuite par le burin, en ménageant les surfaces dont les ornements sont caractéristiques. Toutes les roches ne se comportent pas de la même manière : les unes, peu adhérentes, sont facilement détruites par petits éclats; d'autres, au contraire, ne peuvent être détachées de la surface du fossile que par de petits coups d'un burin émoussé, qui écrase successivement les molécules. L'expérience seule peut rendre habile dans ce genre de préparation. Du reste, l'emploi de l'eau facilite souvent la désagrégation, et lorsque des échantillons ont été un peu meurtris par le burin, une couche de solution très-légère de gomme arabique suffit quelquefois pour en effacer les marques; on se rappellera encore que les fragments cassés ou écaillés doivent toujours être recollés ; qu'un fossile trouvé brisé en fragments ne doit pas être négligé, lorsqu'il est rare et qu'on peut, par la colle, le reconstituer.

Beaucoup d'animaux de ces deux embranchements sont entièrement mous et ont été d'une conservation très-difficile; ils sont donc d'une rareté extrême dans les couches de la terre, et on ne peut espérer en recon-

naître les traces que par des empreintes plus ou moins
parfaites. Quelques-uns même nous ont laissé des débris testacés tellement différents de ceux que nous
connaissons, que leur organisation ne peut être dévoilée que par la découverte heureuse des empreintes des
parties molles. C'est ordinairement dans les couches
schisteuses, dans les calcaires feuilletés compactes, ou
même dans certains grès schistoïdes à grains très-fins,
que l'on doit les rechercher. Les sables de tous les terrains doivent être scrutés à la loupe, les argiles et les
marnes lavées et décantées pour en obtenir des infusoires, des foraminifères et des spicules de spongiaires,
que l'on prépare ensuite au besoin sur des plaques de
verre, suivant les procédés des micrographes.

Les terrains *paléozoïques* renferment un nombre
considérable de fossiles de ces deux embranchements.
L'Angleterre et la Bohème peuvent plus spécialement
être citées pour le terrain silurien, ainsi que certaines
régions de la Baltique ; l'Angleterre et l'Eifel pour le
terrain dévonien ; l'Angleterre encore et la Belgique
pour le terrain carbonifère ; le Mansfeld et le pays de
Perm pour le terrain permien. La France est, sous ce
rapport, un pays des plus pauvres, non pas que ces
terrains n'y soient pas très-développés, mais parce qu'il
n'y a qu'un très-petit nombre de points qui y soient
fossilifères, soit originairement, soit, ce qui est plus
fréquent, par suite de transformations et d'altérations
nombreuses. Dans ce dernier cas, leur présence est
dévoilée par le polissage des calcaires employés comme
marbre. Quelques localités de la Manche et du Cal-
vados, Nefiès, dans l'Hérault ; Saint-Béat, dans les

Pyrénées, pour le silurien; Campan et Saint-Béat, dans les Pyrénées; Nehou et Vitré, dans la presqu'île bretonne; Ferques, dans le Pas-de-Calais, et Neffiès, dans l'Hérault, pour le dévonien; Sablé, Roanne, Ferques et quelques points voisins de gisements belges, pour le carbonifère, sont les seuls à mentionner parmi les gisements français déjà reconnus; mais très-probablement de nouvelles recherches en feront découvrir d'autres.

Les spongiaires sont très-rares dans les couches paléozoïques et comprennent quelques types aberrants de psammosclérés, à faciès de siphonia ou de sparsispongia. Les stromatopora ne paraissent pas appartenir à la classe. Les foraminifères sont représentés par des fusulina.

Les coralliaires de ces terrains appartiennent presque tous à des familles naturelles qui n'ont que peu ou même point de représentants aujourd'hui; ce sont parmi les zoanthaires tabulés des milleporidés, des sériatoporidés, presque tous les favositidés, tous les thécidés, tous les zoanthaires tubuleux (auloporidés) et parmi les zoanthaires rugueux, la majeure partie des stauridés et tous les cyataxonidés, cyathophyllidés et cystiphyllidés.

Les échinodermes jouent un rôle des plus remarquables dans les faunes des temps paléozoïques, mais presque uniquement par le type crinoïde, car les ophiurides et stellérides y sont à peine représentés, et les échinides y apparaissent dans les parties supérieures par des formes anormales, qui font presque transition à ces crinoïdes. Il faudrait énumérer presque les trois quarts des genres connus pour donner une idée de la richesse du groupe dans ces temps anciens. Les bryozoaires y présentent un type complétement éteint et appartiennent presque tous aux fénestrellidés, que l'on s'est beaucoup trop empressé de comparer à nos rétépores et autres genres des temps modernes.

Les brachiopodes ne sont pas moins remarquables par leur grand nombre de genres et d'espèces, parmi lesquels on peut citer comme exclusifs les obolus, calcéoles, productus et voisins, orthis, strigocephalus, pentamerus, spirifer, etc. Parmi les mollusques acéphales, on trouve des pectens, des avicules, des nucules, des cardium, des arca, des mytilus, des cardinia, des cypricardes et des pholadomya, d'abord très-rares, puis de plus en plus nombreux dans les couches supérieures. On rapporte aux ptéropodes les conularia, presque tous de l'époque paléozoïque. Les gastéropodes sont aussi très-variés : dentalium, chiton, helcion, bellerophon, pleurotomaria, murchisonia, turbo, evomphalus, trochus, natica, loxonema, etc. Il ne paraît pas avoir existé à cette époque d'animaux mollusques terrestres ou d'eau douce, car les dépôts houillers proprement dits n'en ont encore montré aucun indice.

Ce sont surtout les céphalopodes qui donnent à ces faunes leur cachet le plus marqué. Les nautilides et clyménides y présentent ces anomalies d'accroissement qui se sont produites chez les ammonitides vers la fin des temps secondaires. Sauf trois ou quatre exceptions, tous les genres de ces familles ne sortent pas de la période paléozoïque. Les ammonitides sont rares au contraire, et leurs espèces ont des cloisons entières ou simplement lobées et se rapportent à des genres spéciaux.

La faune *triasique*, a dit d'Orbigny, est intermédiaire aux faunes paléozoïques et jurassiques ; elle renferme encore quelques genres de ces premières, tels que orthoceratites, aganides, porcellia, productus, spirifère etc., qui ne vont pas plus loin, tandis que paraissent les premières ammonites, trigonies, gervilies, pentacrinus, montlivatia ; on a vu que ce caractère mixte est aussi celui de la flore. En France, le muschelkalk du pourtour des Vosges et du Var a seul fourni un certain nombre de ces fossiles, et parmi eux le bel encrinus liliformis, et il n'y en a point de ces embranchements dans le grès bigarré et très-peu dans les marnes irisées ; c'est assez hypothétiquement qu'on réunit à celles-ci les couches du Tyrol, dont la faune est certainement plus riche en formes paléozoïques que celle du muschelkalk.

Ici paraissent les premiers genres de spongiaires psammosclerés, les zoanthaires astréens, des groupes des lithophylliacées et des astréacées, de vrais échinides des genres cidaris et hemicidaris, les chemnitzia, perna, lima, ceratites et autres mollusques cités ci-dessus ; mais on ne doit attacher qu'une valeur secondaire aux déductions tirées de renseignements très-imparfaits sur cette période.

Les terrains *jurassiques* et *crétacés* ont beaucoup d'analogie dans le faciès de leurs faunes successives des animaux mollusques et zoophytes. Le territoire français renferme un grand nombre de gisements et peut être considéré comme riche en fossiles de cette période, autant qu'il l'est peu pour les précédentes. Les roches sont variées suivant les étages et même aussi suivant les localités, et les faunes locales présentent des différences qui sont dans chaque étage en rapport avec ces variations. Ces formations occupent trois grands bassins : celui de Paris qui s'appuie au massif breton, au plateau central, au massif des Vosges et des Ardennes ; ceux de l'Aquitaine et du Rhône, moins bien limités et plus ou moins déformés par les révolutions du globe.

Les spongiaires dictyosclérés et psammosclérés sont répandus dans toute cette série de terrain et y constituent des genres très-variés ; il est probable que les éponges cératoses et à spicules existaient aussi à cette époque ; mais elles ne nous ont été conservées que trop imparfaitement pour être déterminées. Les foraminifères, d'abord peu variés, deviennent de plus en plus abondants et finissent par montrer dans les couches supérieures des représentants assez variés de toutes les familles et tribus.

Les polypiers prennent un développement considérable, et à certains étages, ils ont constitué des récifs comme ceux des madrépores actuels ; les couches coraliennes de Saint-Mihiel et celles turonniennes d'Uchaux en montrent des exemples. La famille des turbinolides y compte des représentants des groupes des caryophyllies, des trochocyathes et des turbinolies vraies. La famille des oculinides y est médiocrement représentée à partir de la grande oolithe. Les astréens y comptent des trochos miliacées, des euphylliacées, des stylinacées, des lithophylliacées, des faviacées, des astréacées, des cladocoracées et des astrangiacées, c'est-à-dire tous les types ; des fongides et des lophosérides terminent la série des zoanthaires apores. Les perforés n'ont que quelques représentants des eupsammiens dans les couches supérieures et des poritiens à partir de la grande oolithe. Il n'y a plus qu'un très-petit nombre de zoanthaires tabulés et un seul zoanthaire rugueux.

Les échinodermes n'ont plus que des apiocrinides, pentacrinides et comatulides parmi les crinoïdes. Les stellérides et ophiurides n'y sont pas très-répandues, pas plus du reste que dans les autres terrains ; mais les échinides y prennent tout-à-coup un grand développement. Les réguliers se trouvent dans toute la série, et le groupe des salénies n'en sort pas. Il en est de même des galérites ; les nucléolites y ont un certain nombre de genres ; mais les spatangoïdes ne sont représentés dans la série jurassique que par les dysastérides, tandis qu'ils se multiplient et se diversifient dans le terrain crétacé, auquel est confiné le type des ananchytides. Les bryozoaires deviennent abondants dans certains étages et ont valu la désignation de calcaires à polypiers à certaines couches ; mais ils présentent ceci de particulier que dans la série jurassique on n'a encore trouvé que des tubulinées, et que dans les couches crétacées, les cellulinées sont aussi variées que dans nos mers.

Les brachiopodes présentent encore quelques types du groupe des spirifer dans les étages jurassiques inférieurs ; les vraies térébratules et rhynchonelles sont variées dans tous les étages. On a considéré comme des brachiopodes les animaux du groupe des rudistes, qui sont spéciaux aux terrains crétacés, où ils forment plusieurs zônes très-caractéristiques, analogues aux récifs madréporiques.

Les acéphales appartiennent, pour la plupart, à des genres encore existants, et celui des ostrea a fourni plusieurs espèces de celles que leur abondance et leur spécification facile ont fait regarder comme caractéristiques. Ostra arcuata, cymbium, marshii, virgula, couloni, columba et vesicularis sont dans ce cas. Les genres qui paraissent spéciaux à cette grande période, ou à une seulement de ses parties, sont : ceromya, leguminaria, unicardium, opis, hippopodium, isoarca, gervilia, inoceramus, diceras ; on pourrait y ajouter trigonia, s'il n'était encore représenté par une espèce vivante.

Les gastéropodes ont aussi beaucoup de genres de notre époque dans les terrains secondaires ; ceux qui s'y trouvent presque exclusivement sont : nerinea, acteonella, avellana, globiconcha, pterodonta, varigera, spinigera, columbellina, etc. Les natica, turbo et trochus, cerithium, turritella, rostellaria, etc., y sont de plus en plus riches en espèces dans les étages supérieurs. Les mollusques d'eau douce y font apparition.

Les céphalopodes nautilidés sont réduits au seul genre nautile. Les ammonites et autres sous-genres créés à leurs dépens pour des particularités d'enroulement, sont extrêmement nombreux en espèces répandues dans tous les étages et s'y éteignent dans l'étage supérieur. Les bélemnites y sont exclusivement confinées, et leurs espèces y sont en général très-caractéristiques pour chaque étage.

La période *tertiaire* n'offre rien d'essentiellement particulier dans les faunes des deux embranchements que l'on considère ici. Le plus grand nombre des types génériques sont les mêmes que ceux de notre temps, et même , à mesure que l'on se rapproche des étages supérieurs, on voit se multiplier le nombre des espèces, qui ne diffèrent de celles de notre époque que par des caractères discutables et que l'on finit même par ne plus pouvoir sérieusement distinguer ; au point que ces animaux fossiles y deviennent peu utiles pour la caractéristique paléontologique dans les trois ou quatre derniers termes au moins.

Ces terrains, en France, sont assez variés et plus ou moins épars en lambeaux sur toute l'étendue de son territoire ; en plusieurs localités, leurs fossiles sont conservés à la manière de ceux des plages actuelles et paraissent aussi frais. Les régions typiques sont Biarritz, Couiza et autres cantons pyrénéens, pour le terrain nummilitique ; Paris , c'est-à-dire Grignon et Beauchamp, Compiègne et Montmirail, pour le terrain éocène ; Étampes, pour le tongrien ; les faluns de Touraine, de la Gironde et de l'Adour, les molasses de la vallée du Rhône, pour le miocène ; de nombreux dépôts lacustres pour ce même horizon ; enfin, Montpellier et Perpignan pour le pliocène.

Les spongiaires à spicules ont laissé de nombreuses traces de leur existence ; mais il est rarement possible d'en reconnaître les caractères, si ce n'est pour les géodiens. Les pétrospongiaires se sont continués par des dictyoscléroses et des psammoscléroses jusqu'à nos jours, où on n'en compte plus qu'un très-petit nombre. Les foraminifères sont, dans cette époque, représentés par la plupart des genres de nos mers , et par certains autres, dont les plus remarquables sont les nummulites,

qui constituent presque à elles seules de puissantes
formations. Les coralliaires forment rarement des
récifs, et leurs formes sont peu variées; les turbi-
noliens, les cyathiniens, les rhizangiens, madrépo-
riens, gorgoniens, s'y mêlent à quelques astréens et
eupsammiens plus ou moins voisins des types actuels.
Parmi les échinodermes, les crinoïdes sont de grandes
raretés, et ce sont des comatuliens. Les stellérides et
ophiurides ne sont que médiocrement représentés. Les
échinides ont pour types les plus remarquables les
clypeaster, scutella, echinolampas, conoclypus, et un
certain nombre de formes génériques, continuées jusqu'à nos jours ou très-voisines de celles de notre temps,
telles que schizaster, spatangus, etc. Les bryozoaires y
sont nombreux dans certaines stations et tendent, de
plus en plus, à se rapprocher de la faune actuelle. Il
n'est même pas facile de distinguer quelques-unes de
leurs espèces de celles de nos côtes actuelles; cependant, il y a encore quelques genres éteints, surtout
parmi les tubilinés.

Les mollusques brachiopodes ont peu de représentants, la plupart des genres actuels. Les acéphales sont
au contraire très-nombreux, surtout dans les genres
venus, tellina, cardita, lucina, cardium, arca et pecten;
les genres éteints sont des raretés. Les gastéropodes
terrestres et d'eau douce se montrent pour la première
fois en abondance et se trouvent même seuls dans de
vastes formations que tout indique avoir été constituées
sous des eaux douces. Les genres marins sont encore
en grande majorité ceux de nos mers actuelles; les plus
remarquab'es par le nombre de leurs espèces sont des

cerithium, pleurotoma, fusus, cancellaria, etc. Les céphalopodes sont au contraire bien déchus ; des béloptères, l'argonaute et quelques nautiles et megasiphonia sont les seuls représentants du type dans les couches tertiaires.

La transition des faunes tertiaires à celle de notre époque, considérée dans les deux embranchements des zoophytes et des mollusques, se fait par des transitions tellement graduées qu'elles deviennent insensibles dans les terrains quaternaires, où les espèces de nos mers sont en grande majorité, soit qu'elles existent dans les mêmes parages, soit qu'elles se retrouvent sous des latitudes un peu différentes.

Articulés fossiles.

Cet embranchement est le moins connu dans son histoire paléontologique, et les couches du globe n'en ont pas conservé un grand nombre de dépouilles. Les crustacés débutent par des trilobites et des cyproïdes dans les terrains paléozoïques ; les décapodes et les isopodes dans les terrains secondaires et tertiaires n'ont qu'un petit nombre de représentants comparativement avec la multiplicité des formes de nos jours ; il paraît y avoir beaucoup de types génériques éteints. On considère comme des crustacés dégradés les cirrhipèdes dont les coquilles testacées ont été plus susceptibles de conservation. Leur apparition se fait dans les temps paléozoïques par des aptychus, surtout nombreux dans les terrains secondaires et précurseurs des pollicipes et balanes, qui sont surtout de l'époque tertiaire et actuelle.

Il est présumable que les animaux classés parmi les mollusques sous le nom de brachiopodes, seront rattachés à cet embranchement comme crustacés encore plus dégradés, et ce que nous en avons dit serait sans doute mieux placé ici.

Les annélides comprennent plusieurs types marins qui se sécrètent des tubes calcaires pour les protéger, et on en trouve des représentants dans la plupart des terrains stratifiés d'origine marine; mais leur étude laisse encore à désirer. Tous les autres articulés sont étrangers aux bassins des mers, et le plus grand nombre ont un habitat terrestre, qui n'a pas été très-favorable à leur enfouissement dans les sédiments fins. On ne les trouve qu'accidentellement dans les mêmes conditions que beaucoup de végétaux terrestres, et le plus souvent mêlés avec eux. On doit toujours les recueillir avec soin, car leur histoire paléontologique est presque encore inconnue, et l'on ne saurait du reste avoir trop de matériaux pour les déterminations de dépouilles qui exigeraient une conservation parfaite. L'ambre peut être cité comme un des gisements qui sous ce point de vue fournissent les sujets les plus précieux. En France on trouve de belles empreintes dans les sédiments lacustres extrêmement fins de la Provence et de l'Auvergne.

Vertébrés fossiles.

Quoique les animaux de cet embranchement soient à l'état fossile d'un emploi moins usuel pour le géologue, tant à cause de leur rareté relative que des difficultés que présente leur détermination, ils n'en ont pas moins une importance considérable en paléontologie et leur histoire dans la série des âges est des plus remarquables.

Les poissons vivant tous dans les milieux où se sont constitués les sédiments sont encore assez fréquents à l'état fossile; mais en général on ne les trouve avec abondance que dans certains gisements plus ou moins circonscrits, où ils semblent avoir été soumis à des causes exceptionnelles de destruction ayant concordé avec le dépôt rapide ou abondant de sédiments peu grossiers, qui les ont englobés avant leur décomposition, en sorte que toutes leurs parties sont encore réunies. Ceux dont la macération a divisé la charpente osseuse sont en général d'une détermination plus difficile, en raison de la multiplicité et de la fragilité des pièces du squelette. Ces fossiles se recueillent comme les empreintes de végétaux, et la préparation et la recherche des échantillons dans les couches fissiles demandent les mêmes soins. Les poissons placoïdes n'ont en général de solide que leurs dents et les rayons épineux de leurs nageoires, très-rarement le corps de leurs vertèbres, et ces débris se trouvent associés aux coquilles des anciens bords de bassins. Les localités les plus riches en poissons fossiles de la France sont les schistes bitumineux d'Autun et des bassins houillers de l'Allier pour les temps paléozoïques, les argiles feuilletées du lias de la Moselle et du corallien de l'Ain pour les terrains jurassiques. Le calcaire grossier de Paris, les couches lémaniennes de Provence et de l'Auvergne et les lignites de Menat pour la période tertiaire.

Les terrains paléozoïques ont une faune réduite aux placoïdes et aux ganoïdes, et, parmi ces derniers, sont ces singuliers poissons cuirassés qui constituent la famille des céphalaspides et, parmi les autres familles des genres exclusivement hétérocerques. Ce dernier caractère persiste dans la faune triasique. La faune jurassique a aussi beaucoup de placoïdes, de genres bien distincts de ceux de nos mers; les ganoïdes y sont également nombreux, mais presque tous sont homocerques.

C'est dans les terrains crétacés qu'apparaissent les cténoïdes et cycloïdes, si bien représentés de nos jours, et on doit remarquer cette analogie du développement organique avec celui qu'ont offert les végétaux ; il y a encore beaucoup de placoïdes cestraciontes mêlés à de vrais squales ; mais les ganoïdes tendent à s'appauvrir par la disparition successive des types secondaires.

Les vrais poissons d'eau douce paraissent dans les terrains tertiaires ; les dépôts marins qui ont une faune peu différente, au point de vue des genres et des familles, de celle des mers actuelles, mais où se maintiennent encore quelques ganoïdes des types anciens.

Les reptiles jouent un rôle considérable dans les faunes des temps géologiques. Leurs ossements isolés sont le plus souvent susceptibles de déterminations précises, et il n'est plus aussi indispensable pour en faire l'histoire de trouver des squelettes entiers. Cependant les habitudes, probablement aquatiques, d'un grand nombre de genres perdus de cette classe, ont permis la conservation d'individus entiers, et les couches jurassiques de certaines localités sont devenues célèbres pour cela. Pour la France ou pays voisins, on peut citer le bassin houiller de Saarbrück, le trias de Lunéville, le jurassique de Normandie. Les ptéradactyles, les plus aberrants des reptiles, sont exclusivement jurassiques et crétacés. Les lacertiens paraissent les premiers dans les terrains dévoniens ou carbonifères; ils sont ensuite représentés par des genres éteints remarquables dans la série des terrains secondaires, et ne montrent plus, dans les terrains tertiaires, que des types peu nombreux analogues à ceux de notre époque. Les crocodiliens ont peut-être fait apparition à l'époque du trias; ils sont variés de genres dans les couches jurassiques et crétacées, et les vrais crocodiles se trouvent seuls dans les couches tertiaires, depuis le terrain danien inclus et jusqu'à notre époque. Les dinosauriens, peu nombreux, se trouvent dans les étages qui terminent la série jurassique et commencent la série crétacée.

Les énaliosauriens sont représentés par des simosaures et genres voisins dans le trias, par des plésiosaures et ichthyosaures dans les couches jurassiques et crétacées, qu'ils ne dépassent pas. Les ophidiens ont été seulement observés dans les terrains tertiaires et récents, où ils sont rares et peu variés. Les labyrinthodontes se montrent par quelques petites espèces dans le terrain houiller, et disparaissent, ou à peu près, dans le trias. Les tortues se sont montrées dans les terrains jurassiques, crétacés et tertiaires.

Les batraciens paraissent être de l'époque tertiaire seulement et plus spécialement des couches miocènes inférieures; ils ne présentent en général que des types analogues à ceux de notre temps. Ceux des terrains quaternaires sont peu nombreux et tous sont encore assez peu connus.

On mentionnera simplement l'époque d'apparition de la classe des oiseaux dans les terrains jurassiques supérieurs, puis son abondance dans les temps tertiaires et sans doute aussi à l'époque quaternaire. La détermination des ossements d'oiseau est hérissée de nombreuses difficultés, car quelques pièces seulement du squelette montrent des caractères bien tranchés, et d'un autre côté, les genres des ornithologistes actuels sont souvent établis sur des particularités presque insignifiantes et sans rapport avec les modifications des parties osseuses. L'histoire complète des oiseaux fossiles est donc un des desiderata de la science. On doit encore faire observer que des empreintes de pas très-anciennes, puisqu'on les a vues sur des roches triasiques, ont été attribuées, les unes à des reptiles, les autres à des oiseaux, ce qui ferait remonter la première apparition de la classe à des temps bien plus reculés.

Les mammifères présentent en général dans toutes, ou la plupart des parties de leur squelette, des particularités de formes qui rendent leur détermination facile, ainsi que leur spécification; on ne doit donc jamais négliger les ossements même mutilés que l'on rencontre. En beaucoup de points des sédiments, ces ossements sont comme sporadiques et le hasard seul les fait rencontrer; mais souvent aussi ils constituent des ossuaires très-riches, où les débris de nombreuses espèces sont entassés pêle-mêle, de manière souvent à gêner leur exploitation. Dans ce cas, on doit simplement veiller à ne perdre aucun débris, afin de rajuster par

la colle les ossements brisés. La gangue de ces ossements est plus ou moins meuble, et il est alors facile de
les en débarrasser par un simple lavage ou de légers
frottements; mais d'autres fois, elle est pierreuse, et
alors on doit recourir au burin pour mettre à nu
au moins une des faces. On n'oubliera jamais que les
parties les plus caractéristiques du squelette sont les
mâchoires et même les dents isolées, puis les crânes.
Suivant la dureté de la roche, on devra buriner au marteau ou simplement à la main en mouillant les surfaces,
et les creux pourront être fouillés souvent avec une
pointe de canif, dans les parties qui mériteront surtout
des ménagements. Il arrive quelquefois que des ossements ou séries de dents se présentent par des surfaces
détruites, et que la fragilité de ce qu'il en reste ne permettrait pas de les extraire de la roche; on peut alors
recouvrir cette surface avec du plâtre aluné qui durcit
beaucoup; et lorsque cette gâchée est suffisamment
sèche, on débite la gangue par la surface opposée. On
a souvent sauvé des pièces fragiles de la destruction, en
les imbibant d'huile fortement sicative, ou mieux de
blanc de baleine préalablement fondu. Lorsque des
groupes d'ossements ont été extraits par morceaux, il
est bon de les réunir par de la colle forte et d'encastrer
dans un cadre en bois avec du plâtre les diverses pièces
réunies, avant de les attaquer au burin. Ces conseils
s'appliquent également aux ossements des reptiles. Il y
aura toujours intérêt à laisser réunies sur les mêmes
plaques les différentes pièces ayant appartenu au même
squelette, parce que l'attribution au même animal de
ces différents ossements ne sera dès lors plus sujette à
contestation.

De nombreux gisements de mammifères fossiles ont été explorés en France. Dans quelques-uns, les ossements sont assez épars et ne sauraient donner lieu à des recherches suivies. Les lignites du Soissonais, le calcaire grossier et les gypses de Paris, les calcaires et sables de l'Orléanais, les faluns de la Touraine et de l'Aquitaine, les alluvions de bien des pays sont dans ce cas. D'autres, au contraire, sont de vraies accumulations, et on y trouve souvent des coprolites mélangés; Péréal près Apt, Saint-Gérand-le-Puy, Sansan, Cucuron, la montagne de Perrier, beaucoup de cavernes sont dans ce cas; sur de pareils gisements, on peut entreprendre des fouilles régulières, qui procurent souvent, en peu de temps, de précieuses richesses; les déblais extraits des travaux et lavés par les pluies, devront être examinés avec beaucoup de soin; car c'est uniquement à leur surface que l'on peut souvent recueillir les débris osseux des petites espèces.

Quelques mammifères bien rares se sont montrés dans les terrains jurassiques, et peut-être même dans la trias ; ces animaux, encore assez imparfaitement connus, semblent appartenir au type des marsupiaux insectivores. En Europe, ce type se retrouve dans les terrains éocènes et dans les couches lémaniennes, l'une des formations inférieures du miocène, par des espèces voisines des sarigues. Les mêmes dépôts renferment quelques représentants de carnivores didelphes ou thylacyniens. Les terrains tertiaires plus récents ou même quaternaires ne renferment de fossiles de cette classe que dans les régions où il en existe de vivants.

Les cétacés n'ont encore été trouvés que dans les terrains miocènes. Les siréniens ont paru un peu plus tôt, c'est-à-dire vers la fin de l'époque éocène.

Les édentés sont à peine représentés en Europe dans les terrains miocènes par deux ou trois espèces d'un genre peu connu. Mais ils ont fourni à la faune quaternaire de l'Amérique un ensemble remarquable par la variété des formes génériques et spécifiques éteintes et par la taille gigantesque qu'elles atteignaient.

Les ongulés jouent le rôle capital dans les faunes de mammifères, depuis les premiers temps tertiaires jusqu'à nos jours, où l'ordre se trouve considérablement appauvri et comme divisé en tronçons en apparence sans liaison ; chaque terrain a presque un ensemble de genres qui lui est propre : les coryphodon de l'argile plastique ; les lophiodon du calcaire grossier ; les palæotherium, anoplotherium et chæropotamus des gypses parisiens et peut-être du tongrien ; les anthracotherium, ancodus, amphitragulus, associés à des dinotherium, des rhinocéros dans le miocène lémanien ; des anchitherium, listriodon, dichrocerus avec des dinotherium, mastodon et sus dans le miocène moyen ; des hipparion avec la plupart des genres précédents et des cerfs et antilopes dans le miocène supérieur d'Europe, et avec des hippopotames et des éléphants dans celui de l'Inde ; pas d'autre genre éteint que celui des mastodon dans le pliocène, avec des rhinocéros, tapirs, chevaux, bœufs, cerfs nombreux, etc. ; puis enfin dans les faunes quaternaires des éléphants, rhinocéros et hippopotames spéciaux, avec la plupart des genres actuels de l'Europe.

Les carnivores jouent également leur rôle spécial ; ils apparaissent par des types vivéroïdes dans l'éocène inférieur, s'associant à des types lycoïdes ou leur faisant transition dans l'éocène supérieur. Puis s'y ajoutent des mustéliens variés dans le miocène lémanien, où se montre le curieux type lycoïde amphicyon. Les féliens s'ajoutent aux représentants des familles précédentes dans le miocène moyen, et le type hyénoïde paraît enfin dans le terrain miocène supérieur, avec d'autres formes qui annoncent la famille des ours. En Europe, les terrains pliocènes et quaternaires ne renferment presque que des genres de notre époque, ou des sous-genres qui s'y rattachent, comme les meganthereon ou machairodus; mais la faune de ces derniers devient remarquable par la grande quantité d'espèces et d'individus du genre ours.

Les rongeurs présentent ceci de très-remarquable, que les types sud américains des cobayes, viscaches et échimys, sont presque seuls représentés dans le terrain éocène et que dans le miocène inférieur ils s'associent à des léporins, des sciurins, castorins, des myoxins et des murins. Dans les époques subséquentes, en Europe, on ne retrouve plus que des représentants de ces dernières tribus, avec des campagnols et hystrix, à partir du terrain pliocène.

Les insectivores ne paraissent pas remonter au delà de la période miocène, car ceux qu'on a cru reconnaître aux époques antérieures sont plus probablement des marsupiaux. Les deux familles des spalacogales et des galéchines ont apparu en même temps et par des types génériques éteints pour la plupart, et rappelant des formes aujourd'hui particulières aux archipels asiatiques. Dans les terrains quaternaires, on ne trouve plus que des animaux des trois genres qui habitent encore l'Europe.

Les cheiroptères ont peu laissé de débris dans les couches du globe; on n'en connaît qu'un petit nombre d'espèces, apparaissant dans les couches éocènes et de formes assez peu différentes de celles de notre époque.

Les quadrumanes sont encore plus rares et ils paraissent, du reste, avoir la même distribution géologique que les cheiroptères, que l'on pourrait à la rigueur rattacher au même ordre, car ils en ont les caractères les plus essentiels. On en a trouvé en Angleterre, en Grèce, dans les monts sivalick; en France, ceux de Sansan, découverts par M. Lartet, ont fait sensation, parce qu'ils venaient, sans conteste possible, infirmer une opinion émise par Cuvier, sur la date très-récente de l'apparition du type à la surface du globe.

Il faudrait, pour achever cet exposé rapide de l'histoire du développement des organismes à la surface de la terre, traiter encore la question de la date positive de l'existence de notre espèce sur la terre. Mais c'est une question encore bien obscure, et l'auteur de ce travail croit qu'il est prudent de ne pas s'aventurer, à la suite des paléontologistes, qui ont déjà fait remonter cette apparition jusqu'aux plus anciens temps tertiaires, en se basant sur des éraillures d'ossements qui peuvent avoir une tout autre origine que celle d'un travail humain. Il n'y a encore de prouvé que la contemporanéité de notre espèce avec la dernière faune des elephas primegenius, ursus speleus et renne, qui ont vécu aux derniers temps quaternaires.

PRATIQUES DES OBSERVATIONS GÉOLOGIQUES.

La récolte et l'étude des espèces minérales, des roches et des fossiles, sont loin de constituer toute la géologie. La structure générale de la croûte du globe étant le principal but qu'elle se propose, on ne peut arriver à cette connaissance que par l'observation directe sur le terrain des relations que peuvent avoir entr'elles les masses minérales, et par l'étude des phénomènes de l'époque actuelle qui peuvent aider à comprendre l'origine et le mode de formation des divers compartiments de la mosaïque terrestre. La géologie pure est donc essentiellement une science d'observation et son musée une collection de faits. L'art d'observer ne peut être démontré dans un livre de la nature de celui-ci ; il s'acquiert par la pratique et par l'exemple direct pour les personnes qui possèdent l'aptitude spéciale. Le meilleur des maîtres est une description soignée d'une localité classique dans laquelle on suit pas à pas et en les répétant les observations originales de l'auteur ; beaucoup de régions de la France en possèdent de telles que l'on pourra utiliser, concurremment avec les courses démonstratives que font plusieurs professeurs de géologie.

C'est pour cette étude que sont surtout indispensables les bonnes cartes et les profils géométriques que l'on peut se procurer soi-même sans être dessinateur, soit par la chambre claire, soit mieux encore par la photographie, dont les épreuves les plus mauvaises sont encore supérieures aux croquis toujours trop hâtés que l'on trace à la main. De pareils dessins sont indispensables pour figurer à l'esprit la disposition des masses minérales et des couches sédimentaires ; on doit éviter pour les diagrammes théoriques l'emploi de deux échelles trop disproportionnées, qui les transforment en véritables caricatures et donnent à l'œil des idées essentiellement fausses sur la forme des vallées et des montagnes. Les diagrammes embrassant une grande étendue doivent être exécutés en tenant compte de la sphéricité du globe, dont on a trop de tendance à faire abstraction en géologie et qui a pour première conséquence trompeuse de changer de simples méplats en profondes dépressions. On sait cependant que par suite d'une illusion d'optique, nous nous exagérons les hauteurs dans une proportion qui va du double au triple, et le dessin peut sans inconvénient reproduire cette illusion pour paraître plus vrai à l'œil. Sur ces cartes, ces profils et ces diagrammes, on trace les limites des différentes masses ou couches avec toute la précision dont on est capable, et l'on possède alors tous les éléments d'une description géologique de la contrée ainsi étudiée, après avoir préalablement déterminé les roches et les fossiles que l'on aura pu y recueillir.

L'étude des roches plutoniennes comprend d'abord essentiellement la détermination des éléments qui les constituent et leur disposition dans la masse ; étant assez généralement admis que ces matières ont paru dans un état de fusion plus ou moins affaibli, il convient de rechercher quelle peut avoir été l'action de leur haute température sur les substances minérales au travers desquelles l'éruption s'est produite ; il sera bon de constater si cette action a toujours été aussi faible que tendent à le démontrer un grand nombre d'observations. Les roches plutoniennes franchement éruptives sont souvent accompagnées de substances qui paraissent résulter de leur décomposition et passer par nuances à des magmas de matières plus ou moins altérées, étrangères à la roche éruptive et amenées par elle près de la surface. Il importe de rechercher par une étude minutieuse de leurs tufs, vackes et pépérinos, si, comme il est probable, ils résultent, non d'une décomposition de la roche éruptive, mais plutôt de la trituration et de l'altération par imprégnation minérale de toutes les matières prises dans les parois de la fente qui a donné issue à tous ces produits. On croit avoir remarqué aussi que dans bien des cas, cette minéralisation s'était produite sur des dépôts sédimentaires voisins, de manière à faire croire que l'éruption avait été contemporaine de ces dépôts, et il serait intéressant d'étudier avec soin les relations de gisement de ces deux sortes de formations pour déterminer la vraie nature de l'influence exercée par l'une sur l'autre.

Un des faits essentiels à noter dans l'étude des roches plutoniennes, est leur mode de pénétration les unes dans les autres ou au travers des dépôts stratifiés, au moyen duquel on détermine leur âge relatif. Les filons métallifères et autres donnent lieu à des remarques absolument analogues, quoiqu'ils ne semblent résulter, le plus souvent, que de sublimations ou de dépôts analogues à ceux des sources minérales. En général, les phénomènes dynamiques, qui ont donné lieu à la formation de ces fractures, se sont exercés suivant des directions déterminées pour chaque espèce de ces roches éruptives, et il est intéressant de rechercher les faits qui militent pour ou contre la généralisation de cette loi.

On a cru longtemps que les roches cristallines étaient toutes essentiellement plutoniennes ; cependant de nouvelles observations semblent démontrer le contraire, et l'on connaît beaucoup de ces masses qui ont conservé des traces incontestables de stratification et dont la cristallinité a dû se développer sous l'influence de phénomènes postérieurs à leur dépôt. On devra donc rechercher ces apparences, et lorsqu'on aura affaire à de vrais sédiments, on retrouvera le plus souvent en des points plus ou moins circonscrits des degrés moins avancés de transformation, où l'on pourra encore reconnaître des produits de sédiments argileux ou arénacés. C'est surtout dans les plus anciennes couches que ces phénomènes se sont produits, et la classification de ces dépôts, rendue bien difficile par ces métamorphismes, exigera encore de nombreux travaux pour sortir du chaos dans lequel elle est encore plongée. On a souvent attribué le métamorphisme à l'action de la chaleur terrestre exercée sur les premiers sédiments à travers une croûte consolidée encore pelliculaire, et cette hypothèse est souvent justifiée ; mais il importe de rechercher si dans certains cas il n'aurait pas été produit par les écrasements énergiques qui ont ployé et refoulé les strates sur eux-mêmes et n'ont pu le faire qu'avec une production de chaleur et de pression capables d'expliquer les modifications des roches. Ce qui semblerait militer en faveur de cette dernière hypothèse, c'est que les mêmes dépôts, que l'on a pu suivre des plaines dans les montagnes, présentent des différences, à ce point de vue, que dans la première hypothèse ne pourrait faire comprendre leur identité d'âge. On ne saurait donc trop apporter de lumières sur ce sujet.

L'âge relatif des terrains sédimentaires se déduit de leur superposition directement observée ou déduite de relations de positions équivalentes à la superposition. Si l'on supposait que tous les dépôts formés par voie sédimentaire se trouvent réunis et superposés en un seul point en conservant leur position presque horizontale, on aurait une série innumérable de couches ou de lits qu'il ne serait possible de diviser en groupes que d'après leur composition minéralogique, dont la série se borne aux trois termes : calcaire, argile, sable, en comprenant tous les mélanges à tous les états possibles de ces trois substances. Toutefois, chacun de ces lits n'est pas susceptible de conserver sur de grandes étendues la même composition lithologique ; car l'on comprend que la nature des sédiments doit varier suivant l'origine des fleuves qui charrient dans les grands bassins les détritus des surfaces. On peut encore remarquer que les mouvements d'oscillations qu'a éprouvé la surface du globe, ayant alternativement émergé et immergé les mêmes surfaces continentales, les strates n'ont pu se déposer en couche uniforme sur le globe, mais seulement dans les parties immergées, d'où est résulté leur défaut de continuité. Chaque contrée n'a donc en général que des tronçons partiels de la série générale.

Cette discontinuité a été précisément l'instrument le plus

précieux de la classification de l'ensemble, parce qu'elle a permis de créer des divisions comprises entre deux de ces phénomènes dynamiques qui ne paraissent s'être succédé qu'un nombre limité de fois à la surface du globe et qui ont chaque fois marqué leur empreinte de dislocation sur les dernières couches formées, soit en les redressant ou les plissant, soit en interrompant brusquement leur mode de sédimentation. On donne le nom de terrain ou de formation à un ensemble de lits ou de couches de nature homogène ou variée, mais régulièrement et parallèlement superposés dans toute leur étendue et qui est limité à ses parties supérieure et inférieure par un autre système de couches non parallèles avec elles, ou se distribuant suivant des limites différentes qui indiquent des bassins de dépôt autrement circonscrits La première de ces différences est nommée discordance absolue de stratification et la seconde discordance transgressive. Ces deux caractères constituent le critérium le plus certain de la classification des couches du globe, et leur prééminence est indiscutable. Le géologue en doit faire l'objet constant de ses observations.

La discordance de stratification n'est pas toujours visible très-distinctement sur le sol, parce que les coupes naturelles offertes par les ravins et les déchirures ne sont pas toujours situées sur les points les plus instructifs. En général, lorsque deux terrains voisins, quelle que soit leur composition minéralogique, ont des couches inclinées en des sens différents et dirigées généralement sur des points différents de l'horizon, on peut presque sans hésiter les considérer comme discordantes, et il ne reste plus qu'à rechercher un point où la superposition de l'une à l'autre puisse être vue ou déduite de ce que l'on appelle l'allure générale.

Les dislocations qui ont produit les changements de bassins ont quelquefois simplement consisté en failles, qui ont dénivelé les anciens dépôts sur les deux lèvres de la fissure, et dans ce cas la partie élevée forme quelquefois falaise au-dessus des dépôts, quelquefois même au niveau des dépôts postérieurement constitué sur les parties surbaissées ; c'est un des cas particuliers de la stratification transgressive, qu'il est parfois difficile de bien reconnaître, surtout si la nature lithologique des couches se trouve semblable, et l'on doit éviter avec soin de s'y laisser tromper. Les géologues *révolutionistes* ont cherché à démontrer que ces dislocations étaient dues à de grands phénomènes dynamiques intéressant chacun une grande zône de la sphère comprise dans l'étendue d'un fuseau et que les grandes fractures et les plissements s'étaient opérés suivant la direction des divers méridiens de ce fuseau ; par conséquent, un relevé de ces directions suffirait à fixer l'âge des phénomènes, une fois qu'il aurait pu être déterminé quelque part par les relations stratigraphiques des couches entre le dépôt desquelles le phénomène s'était produit ; une pareille étude, convenablement faite sur des surfaces étendues et sur des phénomènes ayant un caractère de généralité et en se précautionnant contre les irrégularités de détail, peut rendre de très-grands services au géologue et lui donner la clef des anciennes limites des bassins successifs dans lesquels se sont constitués les dépôts. Nous ne pouvons ici nous étendre davantage sur cette question, que chacun devra étudier dans les ouvrages spéciaux en partie dus à l'auteur de la doctrine, M. E. de Beaumont.

Les *actualistes*, à la vérité, nient cette formation brusque des grandes rides de la surface du globe et n'y voient que l'effet de mouvements très-lents, pour lesquels le temps ne leur semble pas faire défaut ; mais en examinant avec soin les plissements répétés des couches dans les montagnes, on reconnait qu'il n'y a point là un simple phénomène de bascule lente, mais bien un refoulement latéral des plus énergiques, dont la conséquence a été une diminution de capacité pour l'enveloppe du sphéroïde et souvent des écrasements énergiques qui ont modifié la nature des sédiments. Mais on doit cependant admettre que chaque massif est dû rarement à un seul de ces phénomènes dynamiques, mais bien le plus souvent à la superposition de plusieurs de ces plissements entre-croisés suivant des directions d'ensemble qui sont propres à chacun et avec des points d'élévation maximum situés aux principaux nœuds de ces croisements. C'est une étude très-ardue, mais très-instructive à entreprendre dans les grands massifs.

Dans les grands pays de plaines qui sont restés le plus souvent en dehors des grandes zônes de dislocation, l'influence de ces dernières sur les dépôts sédimentaires a été peu sensible et le critérium des discordances peut faire défaut, s'il n'est pas permis de suivre le prolongement des couches jusque dans les régions où la discordance est manifeste. On y supplée par le caractère paléontologique en partant de cette considération, que les espèces fossiles sont à peu près les mêmes dans toute l'étendue verticale d'un terrain, sauf de légères nuances, et qu'elles se trouvent encore les mêmes sur de grandes surfaces de ce même terrain. La récolte de ces fossiles sur place peut aider à fixer les limites de chaque terrain, et leur détermination zoologique doit indiquer la faune et par conséquent le point de l'échelle géologique où peut être placé le terrain ainsi étudié. En outre, on remarque assez souvent que chaque terrain comprend quelques assises dont la composition est liée aux diverses phases d'une période de tranquillité : c'est-à-dire dépôts plus ou moins conglomérés à la base et de plus en plus homogènes vers le haut, avec des traces de dénudations partielles sur les couches sous-jacentes, les dernières du système antérieur. On y trouve alors des arguments de plus pour arrêter les limites de ces formations lors-qu'elles concordent avec celles des faunes.

Les paléontologistes exclusifs prétendent que les espèces fossiles ne passent que rarement ou même jamais d'un terrain à un autre ; il en est même qui les parquent dans des limites plus restreintes et arrivent à subdiviser les formations en groupes locaux peu importants, qu'ils croient pouvoir poursuivre dans des bassins différents et éloignés. Leurs preuves étant principalement tirées des fossiles, il importe de pouvoir confirmer ou infirmer leurs opinions par des études multipliées et en des régions assez variées pour s'assurer si cette distribution si localisée n'est point due uniquement à l'état incomplet de nos connaissances actuelles, ou bien encore si elle ne traduit pas simplement des apparences dues à de simples différences de stations ou de faunules locales. La question est des plus intéressantes à résoudre, tant au point de

vue géologique qu'à celui du développement des organismes. Les mêmes recherches minutieuses sont recom-
mandées pour les espèces que des auteurs disent passer
d'un terrain dans un autre, tandis que nous venons de
voir qu'une opinion radicalement différente était sou-
tenue par d'autres, même pour de simples étages de
ces formations. On ne saurait négliger non plus d'attirer
l'attention des observateurs et explorateurs sur cet autre
phénomène de distribution géologique que l'on a carac-
térisé par le nom de colonies et qui consiste dans l'apparition anticipée ou la réapparition tardive de parties de
faunes au milieu d'autres faunes auxquelles elles paraissent très-étrangères. C'est encore un autre point de
vue qui trouve de nombreux sceptiques et par contre
quelques adhérents convaincus et d'une grande autorité.

Pour faciliter nos recherches d'ensemble sur les
formations sédimentaires et arriver à reconnaître d'em-
blée les trois ou quatre grands groupes dans lesquels
on les réunit, et même certains horizons classiques, le
géologue devra se familiariser avec un certain nombre
de fossiles dits caractéristiques des terrains et dont il
trouvera les figures et descriptions dans les ouvrages
des auteurs spéciaux, d'Orbigny ou Deshayes; ainsi
par exemple les trilobites, cystidés, orthocères pour les
terrains paléozoïques, les ammonites et belemnites pour
les terrains secondaires, les clypeastres, scutelles et les
mammifères pour les terrains tertiaires, les lymnées et
planorbes pour distinguer les dépôts lacustres, etc., etc.

Il est enfin une série de dépôts constitués en dehors
des bassins marins ou lacustres et formant les parties
les plus superficielles des continents, qui nécessitent

des études approfondies pour être classés avec autant
de précision que l'ont été les sédiments plus anciens;
mais pour arriver à en tracer un tableau un peu fidèle,
le géologue devra étudier tous les phénomènes qui de
nos jours tendent à modifier la surface des continents,
car ce sont eux-mêmes qui ont donné lieu à ces alluvions et attérissements des plateaux, des vallées et des
anciennes embouchures; les glaciers, leurs boues et
leurs moraines, les avalanches, les divers produits volcaniques, les alluvions des vallées, les formations tour-
beuses, les cordons littoraux, la dispersion des détritus
anciens par les fleuves dans les mers et les lacs, de
ceux corrodés par les flots sur les falaises, les accumulations de débris calcaires provenant des organismes,
les dépôts des sources minérales, la formation des
dunes, et enfin l'éfrittement de certaines roches par
la gelée et autres agents atmosphériques, doivent être
l'objet d'études attentives pour arriver à débrouiller
l'histoire de tous les dépôts clysmiens ou autres de la
surface.

Les coquilles et ossements des animaux enfouis dans
ces dépôts quaternaires, ou dans les cavernes pour la
plupart remplies à la même date, sont non moins précieux à recueillir que ceux de leurs prédécesseurs; et
ils le deviennent peut-être plus encore parce qu'il est
établi que ces êtres ont été les contemporains de
l'homme plus ou moins primitif qui nous a même
laissé des traces d'une industrie artistique antérieure à
leur entière disparition.

———

3*

TABLE DES MATIÈRES.

CATALOGUE DES USTENSILES

POUR L'ÉTUDE DE LA

MINÉRALOGIE & DE LA GÉOLOGIE

EN VENTE

Chez DEYROLLE fils

NATURALISTE

LIBRAIRE-CORRESPONDANT DES SOCIÉTÉS ENTOMOLOGIQUES
DE LONDRES, DE BELGIQUE, DE SUISSE ET D'ITALIE

NOTA. — Nous adresserons notre Catalogue général de livres, ceux des ustensiles d'entomologie, de taxidermie, de botanique, de minéralogie, les Listes d'Oiseaux, de Coléoptères et de Lépidoptères en vente, aux personnes qui nous en feront la demande.

Aimants pour reconnaître la présence de substances ferrugineuses dans les minéraux (en forme de fer-à-cheval), hauteur 6 centim. avec contact....... » 30

   — 7 — — .... » 45

   — 8 — — .... » 60

   — 9 — — .... 1 »

Boussole avec perpendicule à cadran pour marquer les degrés de pente et réflecteur pour préciser les directions, contenue dans une boîte en acajou, diamètre du cadran 65 millim.......... 20 »

Boussole en cuivre, avec perpendicule et double cadran, diamètre 60 millim.................. 16 »

   — 75 — .... 20 »

Briquets en acier, grand modèle............... 2 »

   — petit modèle............... » 50

Chalumeau ordinaire en fer, long. 20 centim... » 50

   — en cuivre, système Berzelius, avec embouchure ivoire et bout en cuivre rouge.... 6 »

Cuvettes en carton, pour ranger les minéraux en collection ; sur le devant de chaque cuvette, il a été ménagé une coulisse pour y placer l'éti-

quette, de 15 centim. sur 11 centim., le cent..	13	»
   de 11 — 8 — — ..	10	»
   de 8 — 5 1/2— — ..	8	»
   de 5 1/2— 4 — — ..	6	»

Gibecière en toile, très-forte, à trois compartiments, spécialement disposée pour contenir
tous les instruments de minéralogie et de géologie 4 »

Griffes en cuivre pour isoler les petits minéraux
et montrer toutes leurs faces; à la base est un
anneau coulant pour serrer l'objet,

   de 4 centim. de haut .... » 50
   de 7 centim. de haut .... » 75

Havre-sac (double poche) en filet, pour porter les
minéraux, long. 1 mètre 10 .... 6 »

Loupe, monture en corne, noire, polie, un verre
   20 millim. de diamètre .... 2 »
— un verre 30 millim., avec diaphragme... 5 »
— deux verres 20 millim., ordinaire....... 3 »
— deux verres 20 millim., avec diaphragme. 6 »
— deux verres 28 millim., ordinaire....... 4 »
— deux verres 15 et 30 millim., ordinaire.. 4 50
— deux verres 20 et 35 mill., avec diaphragme 8 »
— trois verres 20 millim., ordinaire....... 5 »
— trois verres 20 millim., avec diaphragme. 10 »

Loupe Stanhope (très-fort grossissement), monture maillechort............................. 4 50

MICROSCOPES.

En faisant construire ces microscopes, notre but a été
surtout de mettre toutes les personnes qui ont besoin
d'un bon instrument à même de l'acquérir à un prix rai-
sonnable; nous nous sommes donc spécialement occupé
de les rendre aussi simples que possible. Nous avons
supprimé les accessoires inutiles à nos études spéciales
et rejeté les enjolivements dispendieux, réservant tous
nos soins pour le choix des lentilles et l'ajustement de
toutes les pièces. Nous n'indiquons ici que les deux mo-
dèles vraiment usuels pour l'étude des fossiles, des minéraux ou de la chimie. Aux personnes qui nous en feront
la demande, nous adresserons notre Catalogue complet.

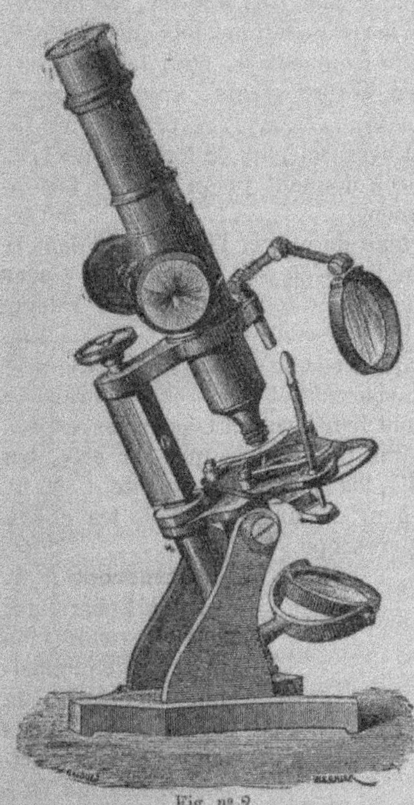

Fig. nº 2.

Microscope nº 2. — Ce modèle, d'une forme et d'une dimension commode, est d'un emploi extrêmement facile. Nous ne saurions trop le conseiller aux personnes qui ne veulent pas faire des études complètes de micrographie, mais qui, cependant, ont besoin d'un instrument puissant et précis. Monté sur pied à bascule, il peut être tenu vertical ou incliné au degré voulu ; en combinant les grossissements des deux oculaires et des trois jeux de lentilles, on obtient de 60 à 920 fois le diamètre.

Les préparations sont placées pendant l'observation sur une platine mobile, et retenues par deux valets à ressort ; elles sont manœuvrées en tout sens et sans secousses à l'aide du conducteur placé sur le côté. Le diaphragme placé en dessous est circulaire et mobile. Le corps du microscope est monté ou baissé avec la crémaillère quand il y a une grande course à faire, et ajusté ensuite exactement au foyer avec la vis de rappel placée derrière.

Les objets transparents sont éclairés en dessous par le miroir concave, monté sur tige articulée, placé au pied de l'instrument ; les rayons lumineux sont concentrés sur les objets opaques avec la loupe montée sur tige, à triple articulation, et fixée sur le corps du microscope.

Le microscope complet, avec les lames de verre plates

et creuses, les verres de Venise très-minces, les instruments nécessaires pour les préparations, tels que : scalpel, ciseaux, pinces, aiguille emmanchée, etc., le tout contenu dans une boîte en acajou vernis, avec serrure et poignée en cuivre......................... 200 fr.

Le même instrument avec six jeux de lentilles, nᵒˢ 1, 2, 3, 4, 5, 7, et 3 oculaires donnant jusqu'à 1,500 fois le diamètre en grossissement.................. 280 fr.

Afin de ne pas être tenu de ranger l'instrument dans la boîte, chaque fois que l'on s'en sert, on peut le placer sous un cylindre en verre avec socle ajusté pour retenir le microscope et tous les accessoires.......... 6 fr.

On peut y adapter un polariscope qui sert à colorer lors de l'examen les objets transparents et incolores, et permet de constater plus nettement leur forme et l'épaisseur respective de chacune de leur partie, tels que les sels, les cristallisations, les poils, les squammes, etc., etc. 30 fr.

La chambre claire pour dessiner sur table les objets que l'on observe au microscope.................. 20 fr.

Microscope nᵒ 4. — Monté à charnière, pouvant prendre tous les degrés d'inclinaison, un oculaire, un jeu de trois lentilles donnant divers grossissements, de 60 à 310 en diamètre. Crémaillère pour ajuster l'appareil au foyer. Diaphragme circulaire mobile. Miroir concave pour éclairer les objets en dessous. Loupe articulée pour éclairer les corps opaques. Instruments, tels que : scalpel, pinces, aiguille emmanchée, lames

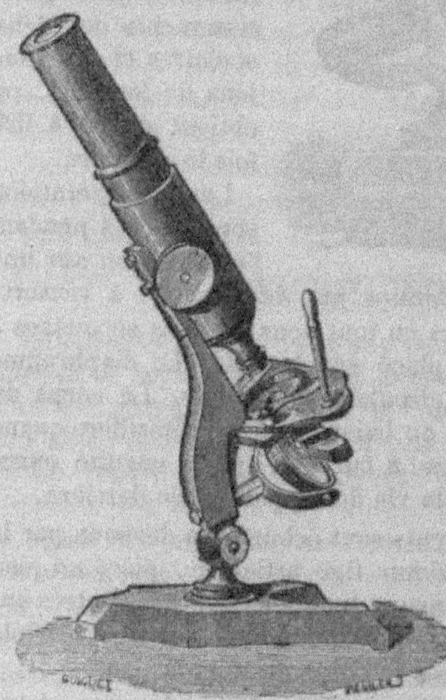

Fig. nᵒ 4.

de verre, verres de Venise très-minces, échantillon de préparation microscopique, dans une boîte en acajou.   60 fr.

Ce même instrument avec platine mobile et conducteur
pour manœuvrer les préparations en tous sens et sans
secousse.. 70 fr.

Cylindre en verre avec socle ajusté pour préserver
l'instrument de la poussière.................... 5 fr.

Marteaux en acier, de diverses formes, en masse, en
coin ou en pointe, manche en charme, petit modèle,
pesant environ 150 grammes.................... 2 »
Grand modèle, pesant 500 grammes............ 4 »

Mortiers en agathe, avec pilon,
de 35 millim. de diamètre..................... 5 »
de 40   —   —   .... 7 »
de 47   —   —   .... 9 »
de 56   —   — 10 50
de 60   —   —   .... 12 »

Niveau à bulle d'air, pour préciser la ligne horizontale,
monture en cuivre, étui en zinc de 11 c. de long. 2 »
  —   —   de 13 c. 1/2.... 2 50
  —   —   de 16 c......... 3 »

Pharmacie de poche. — Le naturaliste voyage
presque toujours seul, à pied et dans une solitude relative. Il est exposé à un certain nombre de petits accidents
auxquels il est obligé de remédier promptement.

Il faut donc qu'il sache se tirer d'affaire sans aucun
secours étranger; il faut qu'il ait avec lui dans une
trousse de poche, à côté des instruments spéciaux à ses
recherches, quelques instruments de chirurgie et un
petit nombre de substances médicamenteuses; c'est dans
ce but que nous avons fait établir cette petite trousse.
Dans chacune est une instruction indiquant les médicaments à prendre et la façon de les administrer dans
chaque cas.

La trousse est extérieurement en maroquin noir, les fioles
sont garanties par des tubes en fer-blanc. Elle contient :

Étui en ébène porte-nitrate.	Porte-goutte en verre.
Pinceau.	Pince fine.
Petits ciseaux droits.	Bistouri.
Lancette.	Fil et aiguilles.

6 Fioles contenant :

Alcali volatil.	Perchlorure de fer.
Acide phénique.	Taffetas gommé.
Teinture d'arnica.	Laudanum.

La trousse complète avec les fioles vides.... 13 fr.
La même avec les médicaments............. 15 fr.

Tubes en verre bouchés   la douzaine
   de 11 cent. de long sur 14 millim. de diamètre.   1 50
   de 7 cent.   —   10 millim.   —   .   1 25
   de 5 cent. 1/2 —   6 millim.   —   .   1 »

Fig. 8.

Porte-tubes en chêne (fig. 8), contenant 10 tubes
   de 15 millim. de diamètre pour collection......   1 75
Pince à mors plats de 80 centim. de long.......   » 90
Trousse complète de minéralogiste-géologue, comprenant les instruments nécessaires pour l'étude de la
   géologie et la récolte des minéraux.

Tous les instruments sont placés dans la gibecière qui
   contient :

1 Aimant.	1 Havre-sac en filet.
1 Boussole ordinaire.	1 Loupe à 2 verres.
1 Briquet petit modèle.	1 Marteau petit modèle.
1 Chalumeau en fer.	1 — grand modèle.
	1 Niveau d'eau.

Prix..........   25 »

www.ingramcontent.com/pod-product-compliance
Ingram Content Group UK Ltd.
Pitfield, Milton Keynes, MK11 3LW, UK
UKHW031837170726
13836UKWH00004B/1738